面向分簇的物联网资源调度优化关键技术

白红英 著

U0282467

北京邮电大学出版社
www.buptpress.com

图书在版编目（CIP）数据

面向分簇的物联网资源调度优化关键技术／白红英著 . -- 北京：北京邮电大学出版社，2024.7
ISBN 978-7-5635-7241-0

Ⅰ.①面… Ⅱ.①白… Ⅲ.①物联网—系统设计 Ⅳ.①TP393.4②TP18

中国国家版本馆 CIP 数据核字（2024）第 107574 号

责任编辑：王晓丹 廖国军　　责任校对：张会良　　封面设计：七星博纳

出版发行：北京邮电大学出版社
社　　　址：北京市海淀区西土城路 10 号
邮政编码：100876
发 行 部：电话：010-62282185 传真：010-62283578
E-mail：publish@bupt.edu.cn
经　　销：各地新华书店
印　　刷：河北虎彩印刷有限公司
开　　本：787 mm×1 092 mm　1/16
印　　张：7.25
字　　数：178 千字
版　　次：2024 年 7 月第 1 版
印　　次：2024 年 7 月第 1 次印刷

ISBN 978-7-5635-7241-0　　　　　　　　　　　　　　　　定价：49.00 元

前　言

物联网（Internet of Things，IoT）被称为继计算机、互联网之后，世界信息产业的第三次浪潮。而5G技术的发展为物联网通信提供了基础，越来越多的传感器设备和终端设备被部署到物联网中，以物联网为代表的信息通信技术的迅速发展，极大地影响着世界经济格局。在我国工业化和信息化深度融合的过程中，物联网扮演着重要角色。而物联网产业的高速发展必将驱动经济发展模式进行不断变革，提升经济增长效率，为经济可持续发展起到促进作用。从外部环境来说，全球新冠疫情加速了物联网应用。疫情防控期间，借助物联网实现了远程诊疗、智慧零售、公共场所热成像体温检测、智慧社区和家庭检测等多种技术，且疫情防控期间的交通管制、物流供应链、应急灾备、信息溯源等场景也大量运用了物联网技术。从内部支撑能力来说，5G R16标准冻结及5G第一个演进版本的完成从技术层面支持了物联网全场景网络覆盖。同时，物联网网络基础设施建设的加速，5G、LTE Cat1等蜂窝物联网网络部署的重点推进，不仅成为物联网应用规模化的加速剂，也在稳步推进传统基础设施的"数字＋""智能＋"升级。行业需求也倒逼物联网支撑技术加快商用化进程。2020年，国家发改委明确提出，物联网作为新型基础设施建设（新基建）的一个重要组成部分，从战略性新兴产业定位下沉为新型基础设施，成为我国数字经济发展的基础。

资源调度作为物联网系统数据传输和管理的前提和基础，在保证物联网性能和有效避免传输干扰等方面具有重要作用。各种资源调度算法的优化目标、网络模型、网络特性和应用环境不同，因此通常需要对多个设计方案进行折中和优化。物联网分簇技术将网络划分为不同的簇，通过簇头节点管理其他成员节点的方式可以有效降低物联网能耗，延长其生命周期。本书将结合物联网分簇技术，介绍面向分簇的物联网资源调度优化。以下为本书的内容安排。

前两章主要介绍物联网资源调度的背景与意义、物联网的概念、体系架构、通信干扰模型和能量消耗模型等。

第3章分别介绍了基于分簇的资源调度、基于优先级的资源调度、基于路由的资源调度等研究现状和存在的问题。

第4章介绍了基于非均匀分簇的物联网资源调度方案。在多跳、能量有限的物联网中，基站附近的节点因频繁的数据转发而使能量消耗较快，从而易产生"能量空洞"现象。

如果物联网中的一些关键节点失效,那么将导致出现孤立节点或隔离区域,从而影响通信质量和网络寿命。本章将介绍非均匀分簇的能量均衡策略,以缓解多跳物联网中存在的"能量空洞"现象。即基于非均匀分簇的物联网动态拓扑,综合考虑网络能耗和鲁棒性问题,介绍基于非均匀分簇的路由选择与簇头分层机制,以寻找最优的中继节点,并根据动态路由对簇头节点进行分层。在此基础上进一步介绍基于非均匀分簇的物联网资源调度方案(IoT Resource Scheduling based on Unequal Clustering,RSUC)。在非均匀分簇的物联网动态拓扑和路由选择的基础上,介绍信道和时隙的联合调度,以便更加合理且有效地利用物联网有限的资源。RSUC包括簇内通信的资源调度和簇间通信的资源调度,离基站越近的节点簇间通信时隙越多,簇内通信时隙越少。RSUC综合考虑非均匀分簇网络拓扑和动态路由选择策略,有效利用网络有限的资源,缓解"能量空洞"现象,减少网络能耗,提高网络吞吐量。

第5章介绍了基于数据变化率优先级的非均匀分簇物联网资源调度方案。首先介绍物联网常规数据变化率模型,通过动态调整每一类数据变化率的时间权重,使得观测数据变化率值和常规数据变化率值之间的偏移量最小化,并利用凸优化理论,得出反映物联网一段时间内正常运行状态下的常规数据变化率模型。其次通过物联网数据优先级实时判断机制,根据常规数据变化率和观测数据变化率的差值来实时判断物联网数据的优先级,无须提前设定优先级,且数据优先级的判断是基于多种数据变化率的,可实时检测多种物联网应急数据类型。最后本章介绍基于数据变化率优先级的非均匀分簇物联网资源调度方案(Resource Scheduling of Unequal Clustering IoT based on Priority of Data Change Rate,UCPDR)。在非均匀分簇的基础上,常规数据和应急数据使用不同的资源调度方案,并基于数据变化率优先级给应急物联网数据优先分配时隙和信道资源。UCPDR能有效判断数据优先级,且有较高的应急数据检测正确率,可以通过合理利用有限的资源,减少应急数据网络时延,降低安全隐患。

第6章介绍了基于检测矩阵的非均匀分簇物联网资源调度方案。在一些基站离数据采集区域较远的应用场景中,为提高数据采集和传输效率,需要设置专门的路由节点负责数据转发传输,以构成异构物联网。节点根据不同的工作模式和功能使用不同的资源调度方案。在路由选择传输阶段,本章将介绍基于路由树的资源调度(Resource Scheduling based on Routing Tree,RSRT)。通过RSRT得到信道分配和单个周期内的时隙分配表,让单个周期内的所有数据以最少的时隙且无冲突地传输到基站。在此基础上,进一步介绍基于检测矩阵的非均匀分簇物联网资源调度方案(Resource Scheduling of Unequal Clustering IoT based on Detection Matrix,UCDM)。UCDM根据通信干扰模型和路由树建立冲突矩阵,根据网络拓扑和RSRT单周期时隙分配表建立传输矩阵,再根据冲突矩阵和传输矩阵建立检测矩阵。通过检测矩阵确定连续周期调度的最小时隙间隔,避免数据串行调度而浪费网络资源。针对非均匀分簇异构物联网,UCDM通过时隙重叠来缩短相邻周期之间的时隙间隔，并用时隙复用技术提高物联网中连续传输的时隙利用率，减少网络总时隙，提高网络吞吐量。

本书得到了内蒙古自治区自然科学基金项目（2022QN06003）和支持。由于本书所涉及的知识面较广，限于笔者的水平和经验，疏漏之处在所难免，恳请专家和读者批评指正。

白红英

2024 年 7 月于鄂尔多斯

术 语 表

缩略语	英文全称	中文对照
IoT	Internet of Things	物联网
IIoT	Industrial Internet of Things	工业物联网
NB-IoT	Narrow Band Internet of Things	窄带物联网
LPWAN	Low Power Wide Area Network	低功耗广域网
LoRa	Long Range Radio	远距离无线电
ISM	Industrial Scientific Medical	工业、科学和医疗频段
QoS	Quality of Service	服务质量
M2M	Machine-to-Machine	机器对机器
WSN	Wireless Sensor Network	无线传感器网络
RSSI	Received Signal Strength Indicator	接收信号强度指示
MAC	Media Access Control	介质访问控制
CH	Cluster Head	簇头节点
CM	Cluster Member	簇成员节点
BS	Base Station	基站
TDMA	Time Division Multiple Access	时分多址
FDMA	Frequency Division Multiple Access	频分多址
CDMA	Code Division Multiple Access	码分多址
CSMA/CA	Carrier Sense Multiple Access with Collision Avoidance	带冲突避免的载波侦听多址接入
FCFS	First Come First Served	先到先服务

目　　录

1

第1章 引 言

随着物联网应用的不断增加,人们对高效资源调度、网络低时延和高接入量的需求日益增长。当多个物联网设备用于监测数据并向基站传输数据时,必须解决网络资源调度效率不高的问题。分簇技术为降低物联网能耗、延长网络生命周期提供了有效的解决方案,将分簇技术和物联网资源调度相结合的面向分簇的物联网资源调度优化技术具有重要的经济价值和实际意义。

1.1 背景与意义

随着信息技术的不断发展,物联网的应用已经渗透到各行各业和我们生活的方方面面[1-2]。物联网设备在医疗[3-4]、农业[5-7]、工业[8-9]和许多其他领域发挥着至关重要的作用,如汽车交通监控[10-11]、粮食检测[12]、森林监测[13-14]和冶金生产监测[15-16]等。在物联网应用中,资源调度起着至关重要的作用。Olatinwo 等人[17]提出了水质监测中物联网传感器网络系统中的资源分配方法。Kakkar 等人[18]提出了医疗物联网设备操作系统的调度技术。Malik 等人[19]提出了智能工厂中基于优先级的混合调度机制。然而,在无法扩充无线网络资源的情况下,传统的物联网资源调度方案将无法满足因行业横向扩展产生的多样化服务质量(Quality of Service,QoS)和超大连接设备的要求[20]。因此,资源调度方案的优化成为进一步提高物联网系统性能的重要方向。

当前,美国、日本、韩国、欧盟等投入巨资深入研究物联网关键技术。2008 年,美国启动了“智慧地球”战略。2009 年,欧盟、日本和韩国分别启动了“物联网行动计划”“U-Japan”“U-Korea”等国家性区域战略规划。2017 年 1 月,美国国家电信和信息管理局(National Telecommunications and Information Administration,NTIA)发布了《促进物联网发展》绿皮书,介绍了物联网发展现状及对于美国社会的重要意义,提出了未来美国物联网政策的 4 点框架建议[21],将物联网发展和重塑智能制造业优势结合,打造符合工业物联网和海量数据分析的平台,推动工业物联网标准框架的制订。这使得美国在物联网产业方面的优势不断扩大。2015 年 3 月,欧盟成立了物联网创新联盟(Alliance for Internet of Things Innovation,AIOTI),其汇集欧盟各成员国的物联网技术与资源,以创造欧洲的物联网生态体系。各国相继出台物联网战略规划和扶持政策,全球范围内物联网核心技术持续发展,标准和产业体系逐步建立。

2009 年,我国提出了"感知中国"发展战略,物联网被正式列为我国五大新兴战略性产业之一,被写入了十一届全国人大三次会议和政府工作报告中。2011 年底,我国出台的《物联网"十二五"发展规划》将物联网的发展上升为国家战略。2013 年,《国务院关于推进物联网有序健康发展的指导意见》要求进一步深化对发展物联网重要意义的认识,结合实际,扎实做好物联网的研究与应用。2013 年 9 月,国家发改委发布了《物联网发展专项行动计划(2013—2015 年)》。2016 年 12 月,中华人民共和国工业和信息化部(工信部)发布《信息通信行业发展规划物联网分册(2016—2020 年)》。2017 年 6 月,工信部又发布了《关于全面推进移动物联网建设发展的通知》。2018 年 9 月,在无锡举行的物博会公布了《工业物联网互联互通白皮书》,以互联互通为主题,给出了工业物联网互联互通的内涵外延、技术现状、实施路径和应用案例。我国制造业面临着提高生产制造效率、实现节能减排和完成产业结构调整的战略任务,工业物联网助力智能制造,将对企业的生产、经营和管理模式带来深刻变革。智能制造基于新一代信息通信技术与先进制造技术的深度融合,贯穿于设计、生产、管理、服务等制造活动的各个环节,具有自感知、自学习、自决策、自执行、自适应等功能的新型生产方式,工业物联网的部署实施为智能制造提供基石。智能制造将结合工业物联网,合理调配供应链资源以提升生产和服务效率,实现制造业的智能化管理模式创新[22]。近年来,国家大力推进新基建战略,加快 5G、物联网等新型基础设施建设,推动数字经济发展。2020 年 5 月,工信部发布《关于深入推进移动物联网全面发展的通知》,明确指出建立物联网、4G 和 5G 协同发展的移动物联网综合生态体系[23]。

资源调度是物联网领域的主要研究热点之一。物联网设备的数据传输是数据检测的主要挑战,而资源调度是物联网系统进行数据传输和管理的前提和基础,在保证物联网系统性能、数据传输和有效避免传输干扰方面具有重要作用[24]。很多学者研究了资源调度中的信道接入控制技术和时隙调度技术等后,通过合理利用通信网络中有限的资源,减少了总时隙,并提高了网络吞吐量。感知层是物联网技术中的基础核心部分,由多种传感器设备来收集物理世界中各种数据和物理信息。乔举义[25]提出了物联网感知层中资源分配与调度算法。Zahoor 等人[26]对普适物联网资源调度研究进行了综述。在物联网中,当多个物联网设备同时用于任务的监测和识别并向基站传输数据时,就必须解决设备与目标之间、设备与设备之间的资源合理调度问题[27]。如何充分有效利用有限的网络资源以达到系统整体最优性能是物联网研究中的热点问题。

由于各种物联网资源调度算法的优化目标、网络干扰模型、网络特性和应用环境的不同,资源调度通常需要对多个设计方案进行折中和优化。翟双[28]研究了低能耗物联网无线链路数据格式与网络拓扑。Kim 等人[29]提出了一种物联网低复杂度的贪婪算法来加速调度,其结合节点的生命周期来确定活动节点集,非活动集的节点在不违反约束条件的情况下切换到睡眠模式。在这种物联网设备的激活/休眠调度中,多个融合中心充当簇头节点并收集数据。Li 等人[30]提出了异构无线传感器网络中的资源分配算法,根据应用程序的性能要求进行有效的任务分配,在物联网异构无线传感器节点上运行不同的应用程序,以便更好地利用物理网络基础设施。跨层的资源调度通过共享各层之间的数据,使各层通过数据交互,提高各层协议的执行效率[31]。针对在 5G 网中机器对机器(Machine-to-Machine,M2M)通信资源调度,车逸辰[32]研究了深度强化 Q 学习(Deep Reinforcement Q-Learning,Deep RQ)调度算法。Li 等人[33]介绍了物联网资源调度的分类,包括能量、存储、处理、访问、信道、服务、带宽和频谱等资源的调度,并提出资源调度是物联网一个重要组成部分。物联网时隙和信道等有限网络资源的联合调度受到学者们格外的关注。

如何高效、快速、准确地实现数据采集与传输是物联网技术的关键问题。物联网传感节点可以实现数据采集,并把感知数据传输至基站,再经过传输网络传送到数据处理中心[34]。然而大量物联网设备的接入会对现有的网络基础设施造成巨大的压力。在物联网的数据采集与传输中,分簇技术将网络划分为不同的簇,通过选取簇头节点来管理其他成员节点,以降低物联网能耗、延长其生命周期[35]。合理的分簇策略能降低网络通信能耗,提高网络可扩展性以及提供方便的管理机制,在网络负载平衡、资源分配、数据融合处理等方面起到重要作用。分簇过程离不开路由协议,数据传输沿着源节点和目的节点之间的最优路径,把数据传送到目的节点[36]。

在多跳物联网中,由于基站附近的节点承担了更多的信息转发而消耗能量较快,从而产生"能量空洞"现象。如果网络中的一些关键节点发生故障或因能量耗尽而失效,那么将导致出现孤立节点或隔离区域,从而影响通信质量和网络寿命。非均匀分簇的平衡能量策略可以缓解多跳物联网的"能量空洞"现象。赵清等人[37]提出了面向煤矿物联网的灾后重构自适应非均匀分簇算法,在非均匀分簇的基础上,需要针对不同大小的簇,分配不同的时隙和信道等网络资源,从而让数据采集与传输更为高效。

针对工业物联网(Industrial Internet of Things,IIoT),Yang 等人[38]研究了时隙和功率资源的动态分配模型,其降低了通信系统的能量损耗,保证了节点之间通信的稳定性。Liu 等人[39]提出了频谱感知模块、能量收集模块和环境后向散射通信(Ambient Backscatter Communication,ABCom)模块等多个模块最优时间调度,通过最大化 ABCom 的传输速率,获得了最优时间调度参数与最优功率分配比。在一些工业检测环境中,节点必须先识别紧急数据包,确保应急数据包优先传送到基站[40]。Reddy 等人[41]提出了基于反馈的物联网模糊资源管理方案,采用雾计算范式减少网络时延。远距离无线电(Long Range Radio,LoRa)扩频调制技术具有功耗低、传输距离远、组网灵活等优势,被广泛应用于物联网各个行业中[41]。高伟峰[42]提出了 LoRa 网络中扩频因子(SF)资源的分配、TDMA 时隙与信道资源分配等方法,提高了低功耗广域网 LoRa 的生命周期和数据传输的可靠性。要从"中国制造"向"中国智造"转型,应用工业物联网技术对工厂环境、过程控制,设备运行状态,以及对高温、高压和危险气体等的安全监控,发挥物联网的技术优势,可构建基于物联网的数据监测与资源调度系统。如数据监测系统对冶金生产健康状态进行智能预测,通过有效物联网资源调度,让时隙和信道等有限的网络资源更加合理分配,提高紧急数据的传送效率,可以在一定程度上降低冶金生产过程的安全隐患,保证生产过程安全,延长设备生命周期。

近年来,虽然大量针对物联网资源调度的研究有了一定进展,但由于资源调度效率不高、能量消耗大等,很多调度方案并没有得到实际应用,而且该领域缺乏一套与实际应用相结合且完善的理论体系。根据不同网络拓扑应用需求和信道环境等特点,物联网资源调度主要从信道、链路和时隙分配等方面解决有限网络资源分配问题。资源调度问题是一个非确定性多项式(Non-deterministic Polynomial,NP-hard)问题,物联网的动态拓扑结构、路由选择和资源分配算法等多种因素直接影响资源调度的效率。

本书主要介绍面向分簇的物联网资源调度优化关键技术。首先,介绍物联网的体系架构、通信干扰模型和能量消耗模型等。然后,分别介绍基于分簇的资源调度、基于优先级的资源调度及基于路由的资源调度的研究现状和存在的问题。接着,针对多跳物联网通信引起的基站附近的节点出现的"能量空洞"问题和如何有效利用有限资源问题,本书将介绍基于非均匀分簇的物联网资源调度方案。针对应急数据实时监测和网络时延优化问题,本书将在非均匀分簇的资源调度基础上,介绍基于数据变化率优先级的非均匀分簇物联网资源调度方案。针对异构物联网资源调度中时隙复用率难以提升,网络资源利用率低下的问题,本书将介绍基于检测矩阵的非均匀分簇物联网资源调度方案。

物联网领域有着巨大的发展空间。2019 年,中国人工智能物联网(AI Internet of Things,AIoT)市场规模突破 3 000 亿元,未来几年发展趋势较为稳定[43]。根据中国信息通信研究院发布的《物联网十三五评估报告》可知,截至 2020 年,我国物联网产业规模突破 1.7 万亿元,"十三五"期间物联网总体产业规模保持 20% 的年均增长率[44]。工业物联网通过多样化的通信系统实现多个设备的互连,从而形成一个能够收集、监控、分析和传递信息的系统[45]。目前在物联网市场上,窄带物联网(Narrow Band Internet of Things,NB-IoT)和 LoRa 是低功耗广域网(Low Power Wide Area Network,LPWAN)中两种较为领先的技术[46]。2017 年 NB-IoT 进入商用阶段,NB-IoT 为授权频谱技术,在国内主要由中国电信、中国移动和中国联通三大通信运营商进行运营,将逐渐向 5G 演进。邓仁地等人[47]提出了一种冶金节点温度采集与远程监测的 NB-IoT 系统。LoRa 作为非授权频谱技术,其传输距离远、功耗低、低成本、组网灵活,无需大面积建设基站。LoRaWAN 是LoRa 技术的协议规范,在工业、科学和医疗频段(Industrial Scientific Medical,ISM)使用非授权无线电频谱,以实现远程传感器和连接到网络的网关之间的低功率广域通信。郭方辰[48]提出了基于 LoRa 的土壤水分温度实时监测系统,对土壤水分温度进行多点多层采集,并通过 LoRa 进行数据传输。Aheleroff 等人[49]介绍了工业 4.0 背景下的物联网智能家电的案例,以提高客能效、满足用户个性化需要。工业物联网的出现使得企业信息化系统延伸到互联网,从而实现基于互联网的工业自动化。

物联网资源调度的目标是通过合理分配有限的资源,实现负载平衡,减少运营成本,提高系统性能、服务质量和服务水平等[50]。物联网中的资源可以被分为两种,一种是计算资源、存储容量和能量等;另一种是与通信信道或网络资源相对应的资源[51]。在物联网中,无线信号干扰和节点运动等因素造成网络工作环境不可预测,使得资源分配变得更加复杂,需要考虑不同的拓扑结构并优化目标和系统性能。因此,在物联网中,与通信信道或网络资源相对应的时隙和信道等资源的分配要基于合理且有效的调度方案。

资源调度优化的重要性及复杂性使其成为物联网领域研究的热点之一。资源调度针对网络拓扑和信道环境的特点,从时隙分配、信道分配、链路分配等方面解决网络资源分配问题。根据国内外文献,目前在物联网资源调度中还存在一些问题需要解决,比如:

① 对于多跳、能量有限的物联网,基站附近的节点因频繁的数据转发而造成能量消耗较快,从而易产生"能量空洞"现象。关键部分的节点失效将影响通信质量,缩短网络寿命。采用非均匀分簇策略可将网络划分为大小不同的簇,均衡网络负载,缓解"能量空洞"现象。但是,非均匀分簇物联网资源调度要综合考虑动态网络拓扑、路由选择和不同大小簇的簇内和簇间通信的资源调度问题,如何充分利用有限的网络资源进行高效的数据传输成为优化物联网资源调度需要解决的问题。

② 物联网通信中应急数据业务的网络时延至关重要。一般基于优先级的资源调度只检测一种应急数据,且优先级必须提前设置。但是,在一些物联网应用场景中,数据的优先级很难提前设置,因为应急数据的特征可能与时间因素有关。在非均匀分簇拓扑的基础上,引入物联网数据优先级实时判断机制,并通过合理利用有限的资源,减少应急数据网络时延成为亟待解决的问题。

③ 在某些应用场景,基站离数据采集区域较远。这种情况下可以构造分簇异构物联网,设置专门的路由节点负责物联网路由转发和数据传输,节点则根据不同的工作模式和功能使用不同的资源调度方案。但是,在一些异构物联网资源调度中时隙复用率难以提升,网络资源利用率低下。如何通过异构物联网的高效资源调度,提高物联网连续传输的时隙利用率成为需要解决的问题。

综上所述,为满足日益增长的物联网应用需求,达到高接入量和低时延目标,基于面向分簇的物联网资源调度具有重要的经济价值和实际意义,对推动未来物联网领域的理论与应用创新具有重要意义。

1.2　章节安排

本书主要介绍面向分簇的物联网资源调度与优化关键技术,具体结构和内容安排如下。

第1章,主要介绍物联网资源调度的背景与意义以及章节安排。

第2章,主要介绍物联网的概念、体系架构、通信干扰模型和能量消耗模型。

第3章,分别介绍了基于分簇的资源调度、基于优先级的资源调度及基于路由的资源调度的研究现状和存在的问题。

第4章,首先介绍基于动态拓扑 的非均匀分簇能量均衡策略,缓解多跳物联网中存在的"能量空洞"现象;然后介绍基于非均匀分簇的动态路由选择与簇头分层机制,针对基于非均匀分簇的物联网动态网络拓扑,并综合考虑网络鲁棒性问题,建立了基于多跳路由的约束准则,以寻找最优的下一跳节点,并根据动态路由对簇头进行分层;最后在非均匀分簇的动态拓扑和路由选择的基础上,介绍基于非均匀分簇的信道和时隙联合调度方案,让数据尽量并行传输,减少网络能耗,提高网络吞吐量。

第5章,首先介绍反映物联网一段时间内正常运行状态下的常规数据变化率模型;然后介绍通过判断常规数据变化率和观测数据变化率的差值来实时判断数据的优先级的方法;最后介绍基于数据变化率优先级的非均匀分簇物联网资源调度方案,在非均匀分簇的基础上,按照数据优先级给应急物联网数据优先分配时隙和信道资源,以减少应急数据的网络时延。

第6章,首先介绍基于路由树的资源调度算法,得到信道分配和单个周期内的物联网时隙分配表,让单个周期内的所有数据以最少的时隙且无冲突地传输到基站;然后介绍基于检测矩阵的非均匀分簇物联网资源调度方案,在基于路由树的资源调度算法的基础上,确定连续周期的最小时隙间隔,通过时隙重叠来缩短相邻周期之间的时隙间隔,用时隙复用技术提高物联网中连续数据传输的时隙利用率,减少网络总时隙,提高网络吞吐量。

第 2 章　物联网概述

在物联网的组网、数据传输以及环境发生变化的过程中,均须解决物联网资源调度问题。有效的资源调度可以提高物联网性能,避免数据通信中的传输干扰。本章主要对物联网进行概述,包括物联网体系架构、通信干扰模型和能量消耗模型等。

2.1　物联网概念

"物联网"的概念是在 1999 年首次提出的,英文名为 Internet of Things,英文简写 IoT,被视为互联网应用的扩展。2005 年 11 月,国际电信联盟(International Telecommunication Union,ITU)在突尼斯举行的信息社会世界峰会上发布了《ITU 互联网报告 2005:物联网》,正式提出了"物联网"的概念。物联网将是推动世界高速发展的"重要生产力",是继通信网之后的另一个万亿级市场。

物联网,就是物物相连组成的一个网络。作为互联网的延伸,物联网利用通信技术把传感器、控制器、机器、人员和物通过新的方式连在一起,形成人与物、物与物相联,而它对于信息端的云计算和实体端的相关传感设备的需求,使得产业内的联合成为未来必然趋势。国家标准 GB/T33745—2017《物联网术语》对物联网的定义为:"通过感知设备,按照约定协议,连接物、人、系统和信息资源,实现对物理世界和虚拟世界的信息进行处理并作出反应的智能服务系统。"[52]

2.2　物联网体系架构

物联网是一个功能复杂的多层次网络,业界普遍认为物联网是三层体系架构,即感知层、网络层以及应用层[53],如图 2-1 所示。

在物联网中,很多散布在不同位置的各种传感器和终端设备,通过相互协作,形成覆盖面较广的物联网感知网络,进行数据的传输,并支持物联网的各类应用。物联网首先通过多种传感器设备进行信息采集;然后在适应各种异构网络和协议的基础上将采集信息实时准确地传递出去;最后与智能处理技术相结合,对采集的大量信息进行挖掘分析,适应不同用户的需求[54]。Diego 等人[55]对工业 4.0 背景下的 IIoT 物理-网络体系结构进行了综述,给出了参考体系结构模型的演进过程。物联网三层体系架构中的感知层、网络层和应用层的简单介绍如下。

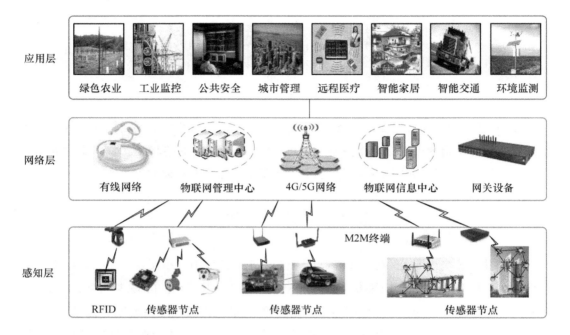

图 2-1　物联网三层体系架构

1. 感知层

感知层是物联网技术中的基础核心部分,由多种传感器设备、多媒体采集设备、无线射频识别(Radio Frequency Identification,RFID)设备、智能装置等构成,用来收集物理世界中各种相关数据和物理信息。感知层主要与附近的其他设备建立连接,协同组网,接收相关的控制命令和功能命令,实现智能感知识别、信息采集处理,并由通信模块将采集的数据发送到网络层。感知层主要使用 RFID、无线传感器网络、嵌入式和 GPS 等技术,实现快速准确的信息采集和传输。

物联网的感知层就像现实中的触角,从各个方面感知周围环境。大量的感知设备实时对覆盖区域环境进行主动或被动的感知、采集和传输数据。传感器节点种类繁多,可以部署在多种实体中,从车辆、智能家居、建筑物、路灯和交通灯到可穿戴设备、智能手机和智能卡等。感知层一般要求传感器设备和终端设备具有低功耗和高精准特性,保证感知设备在长期运行中保持稳定。

物联网的感知层在多节点感知过程中,当多个节点同时用于多个目标和多个任务的监测和识别时,必须解决节点与目标之间以及节点与节点之间的资源调度问题,也就是如何在一定的条件下,合理且充分地利用节点资源且满足网络最优性能的要求。

2. 网络层

网络层位于物联网感知层的上层,主要负责信息的传输、路由和控制。通过各种互联网、公共网、专用网、移动通信网、电信网、车联网和电力网等,及时且可靠地传输接收到的信息。网络层中的数据管理与处理技术主要包括对感知数据的存储、分析、查询以及进一步的挖掘和决策等。

物联网的网络层通过各种网络基础设施,能够把感知层收集的各类数据信息实时、可靠、高效、安全的传输到应用层。从整体上看,物联网的网络层可看成层次拓扑结构,即最下层的末梢网(如无线传感器网络)、中间的接入网以及上层的核心网(如专用通信网、公众电信网和互联网)。

由于各类网络在建设初期并未考虑与其他网络的互联互通以及综合业务发展的需求,目前普遍存在着网络基础设施的重复建设问题。因此,未来的异构物联网需要考虑多种设备和网络的相互协同与深度融合。

3. 应用层

应用层作为物联网与用户的接口层,将物联网技术与实际行业需求相结合,将信息进行跨平台、跨行业协同,进行信息的分析、决策、共享和发布等,从而实现信息可用度的最大化。物联网应用层主要提供各类应用的集成和网络的管理等,是通用基础服务设施及资源调度的接口。

物联网应用层对感知数据进行进一步处理和封装,并给用户提供服务,实现广泛的人与物、物与物的互联。提供服务是物联网建设的价值所在,应用层是实现物联网在众多领域应用中的基础,是整个物联网运行的驱动力。

2.3 通信干扰模型

资源调度的主要任务是在避免传输冲突和通信干扰的前提下高效地传输数据[56]。典型的通信干扰模型包括 Graph-Based 协议模型和 SINR-Based(Signal to Interference plus Noise Ratio,信号与干扰加噪声比)模型。

1. Graph-Based 协议模型

Graph-Based 协议模型根据已知的通信半径和干扰半径来确定节点之间的通信冲突关系。在 Graph-Based 协议模型中,如果一个节点 v_i 通信的范围是 c_i,当存在另外一个节点 v_j,两个节点之间的欧几里得距离为 $d_{ij} = ||v_i - v_j||$ 且满足 $d_{ij} < c_i$ 时,则满足节点 v_i 和 v_j 通信的必要条件[57]。

Graph-Based 协议模型包括主要冲突(Primary Conflict)和次要冲突(Secondary Conflict)[58],通信干扰模型如图 2-2 所示。当一个节点试图同时执行多个操作时,主要冲突会影响单跳邻居范围内节点间的通信,如在图 2-2(a)中,节点 A 同时接收节点 B_1 和 B_2 的数据,此时会发生主要冲突。如在图 2-2(b)中,节点 A 在接收节点 B_1 的数据的同时向节点 B_2 发送数据,此时也会发生主要冲突。次要冲突中,一对正在数据传输的节点对其周围区域节点通信的干扰会影响相邻范围内两跳节点间的通信,因此次要冲突通常也被认为是隐藏终端问题[59]。如在图 2-2(c)中,当节点通信只使用一个信道的情况下,节点 B_2 和 C 之间的通信将影响节点 B_1 和 A 之间的通信,它们同时通信时将引起次要冲突。资源调度则是通过对信道和时隙等资源的有效分配来避免主要冲突和次要冲突。

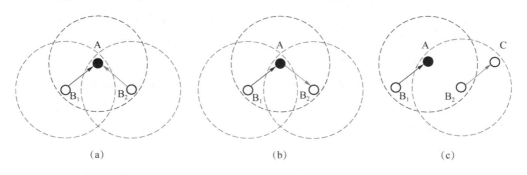

(a)　　　　　　　　　　(b)　　　　　　　　　　(c)

图 2-2　通信干扰模型

目前常用的协议冲突模型有以下几种[58]。

协议干扰模型(Protocol Interference Model,PrlM):对于一个发送节点 v_i,节点 v_j 成功接收到数据包,当且仅当 v_j 离其他同时发送的节点的距离足够远。$\| v_k - v_j \| \geqslant (1 + \eta) \| v_i - v_j \|$,对于任意的节点 $v_k \neq v_i - v_j$。$\eta > 0$ 提供了一个较为可靠的限制条件,以避免邻居节点的发送干扰。而在模拟和理论的分析中,这个模型对各种因素影响下的无线网络的干扰表述不清楚,干扰范围的值是不确定的。

固定能量协议干扰模型(Fixed Power Protocol Interference Model,fPrlM):假设节点在工作的过程中不是动态变化发送的功率,即节点在工作的过程中没有功率控制的机制。节点在正常的工作中,功率是一个稳定的值,在节点能量快要消耗殆尽的时候除外。如果功率是一个定值,那么通信的距离 t_i 也是一个相对确定的值。假设每个节点 v_k 有一个干扰范围 r_k,节点 v_j 成功接收到数据包的条件是远离其他在同一信道同时发送节点的干扰范围。

请求发送/清除发送(Request-To-Send and Clear-To-Send,RTS/CTS)模型:有两对同时通信的节点 $v_i \rightarrow v_j$,$v_p \rightarrow v_q$,需要满足 4 个节点是不同的节点,即 $v_i \neq v_i \neq v_p \neq v_q$,$v_i$ 和 v_j 都不在 v_p 和 v_q 的干扰范围内,反之亦然。

2. SINR-Based 模型

SINR-Based 模型根据接收信号的强度和总干扰强度的比值来确定通信冲突关系,包括节点发送的能量和环境噪声等[60]。SINR 下的链路分配问题是一个 NP-hard 问题。使用 SINR-Based 模型能更加准确的描述物理传输模型,但是节点内部会带来较多的统计和计算的开销。此外,天线并非完全各向同性,并且在工业环境中,信号易被墙壁或设备等阻挡,所以 SINR-Based 模型在一些情况下很难实现[61]。

2.4 能量消耗模型

物联网中的传感器节点一般由电池供电,能量有限。随着网络的不断运行,传感器节点因数据采集和传输而不断消耗能量。图 2-3 显示了当发端传输 k bit 数据到距离为 d 的接收端时,发送所消耗的能量[62]。此一阶无线电能量消耗模型中发射电路通过功率放大器将所需要发送的数据传输给接收方。其中功率放大器的作用是增强信号,解决远距离传输时接收信号变弱的问题。根据距离因素,发射功率器有两种硬件模型,分别是自由空间模型和多路衰减模型。当 $d<d_0$ 时,使用自由空间模型;当 $d\geqslant d_0$ 时,使用多路衰减模型。接收部分只包括接收电路,负责接收数据。

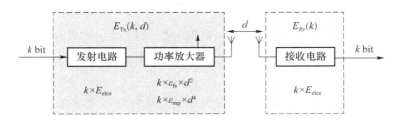

图 2-3 一阶无线电能量消耗模型

传感器节点将 k bit 数据传输到距离 d,发送能耗如式(2-1)所示。

$$E_{\mathrm{Tx}}(k,d)=\begin{cases} k\times E_{\mathrm{elce}}+k\times\varepsilon_{\mathrm{fs}}\times d^2, & d<d_0 \\ k\times E_{\mathrm{elce}}+k\times\varepsilon_{\mathrm{mp}}\times d^4, & d\geqslant d_0 \end{cases} \quad (2\text{-}1)$$

其中,d 为距离;k 为发送的数据长度;E_{elec} 为单位能耗;$\varepsilon_{\mathrm{fs}}$ 为自由空间模型的放大器能耗;$\varepsilon_{\mathrm{mp}}$ 为多径衰落模型的放大器能耗;d_0 为距离阈值,其计算如式(2-2)所示。

$$d_0=\sqrt{\frac{\varepsilon_{\mathrm{fs}}}{\varepsilon_{\mathrm{mp}}}} \quad (2\text{-}2)$$

在接收过程中,节点接收 k bit 数据时,无线电扩展能耗如式(2-3)所示。

$$E_{\mathrm{Rx}}=k\times E_{\mathrm{elec}} \quad (2\text{-}3)$$

成簇是分簇算法的关键问题,而如何在给定的网络条件下,达到合适的成簇数目并且满足能量有效性的要求成为设计物联网成簇要主要解决的问题。成簇的数目不能太多也不能太少。如果数目太多,将会引入大量的成簇开销,节点的能耗将增大,而且可允许复用的网络资源有限;如果数目太少,每个簇内的成员节点数增多,簇头将承担过重的收发负担,能量消耗增加而导致过早死亡。因此合适的成簇数目不仅可以均衡节点的能耗,还可以延长工作寿命。

第3章 物联网资源调度概述

资源调度是物联网数据采集和传输的前提和基础。资源调度在满足时延、顺序和干扰等约束条件的基础上,可以提高网络资源的利用率。本章将重点介绍基于分簇的资源调度、基于优先级的资源调度及基于路由的资源调度的研究现状和存在的问题。资源调度的设计需要考虑调度算法的复杂度和可扩展性,这是因为资源调度在设计时,需要针对网络拓扑和信道环境的特点,从信道分配、链路分配和时隙分配等方面解决资源分配问题,这是一个 NP-hard 问题[63]。资源调度与优化的重要性和复杂性使其成为物联网关键领域的研究热点。

随着标准的通信协议在工业物联网发展过程中发挥着越来越重要的作用,国际标准化工作组织 IEEE 和 IETF 共同为工业物联网制订了一个标准通信协议。如图 3-1 所示,工业物联网协议栈的最底层是物理驱动层,在链路层采用 IEEE802.15.4e 标准[64],网络层上采用 6LoWPAN[65]和 RPL[66]等标准,传输层上采用 TCP/UDP 标准,应用层上采用 CoAP[67]标准。

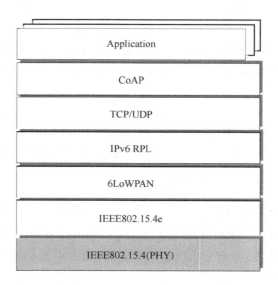

图 3-1 工业物联网协议栈

IEEE802.15.4e TSCH(Time Slotted Channel Hopping)改进了 IEEE802.15.4e 标准,可以更好支持工业和商业的应用。TSCH 对时间同步与信道跳跃技术进行整合,完成时隙和信道等资源的调度。通过时间同步,协调节点进入发送、接收和睡眠状态,从而降低功耗;通过信道跳跃技术,可增强网络抗干扰能力,提高网络可靠性。在 IEEE 802.15.4e 标准中,关于 TSCH 的说明并没有提供资源调度的建立机制和维持机制,但在后续研究[68-69]中提出了一些解决方案。对物联网设备进行合理有效的资源分配,可以提高有限资源的利用率,提升系统的整体性能,从而满足不同用户的需求[70]。

物联网资源调度通过提高资源的利用率,可增加网络吞吐量,减少数据传输的延迟。对于低能耗物联网,由于传感器节点能量有限,资源调度的设计应尽可能简单。近年来,关于资源调度的研究取得了一些成果。Tan 等人[71]提出了基于效用的资源分配算法,资源分配中考虑了流量类型、可用资源和用户信道质量等。针对基于 LoRa 的大规模物联网,Lee 等人[72]提出了一种基于分组的资源调度方案。Wang 等人[73]利用改进的混沌萤火虫算法作为物联网的资源分配方案,该方案基于认知无线电获得二次信息收集站(Secondary Information Gathering Stations,SIGS)的最佳位置和工作信道,以避免传输干扰。

在多跳物联网的数据传输中,高效且公平的时隙和信道资源调度非常关键。时分多址(Time Division Multiple Access,TDMA)时隙调度广泛用于多跳网络数据传输,用于最小化传输数据的时隙[74]。Xu 等人[75]提出了多跳传感器网络中的分布式实时调度,该调度算法研究了长时间周期性查询问题。多信道通信是提高物联网效率的重要手段,Gabale 等人[76]提出了 PIP(Packets In Pipe)算法,适用于多跳、多信道网络,特别是定向线性网络,主要思想是奇数层节点使用奇数时隙,偶数层节点使用偶数时隙,但是 PIP 算法中发送和接收的状态转换过于频繁。

3.1　资源调度简介

资源调度方案根据不同的侧重点有不同的分类方式,在具体应用中,可按照系统不同的需要和优化目标选择不同的方案。根据可用的信道数量可分为单信道和多信道资源调度[77];根据是否需要获取网络的拓扑信息可分为拓扑相关和拓扑透明的资源调度[78];根据是否设置集中控制器协助资源分配可分为集中式、分布式和集中式/分布式混合式资源调度[60];根据资源分配的方式可分为固定、竞争和固定/竞争混合资源调度等[79]。

1. 单信道和多信道资源调度

在单信道资源调度中,网络共享一条可用信道,资源调度主要通过时隙的分配来协调分配节点之间对单信道的使用。单信道调度优化问题一般被认为是顶点着色或边着色问题[80]。Wu 等人[81]提出了单信道无线 Mesh 网络的综合路由和 MAC 调度。为了避免通信干扰,在单信道资源调度中一般会结合 TDMA 时隙调度。

目前大多数资源调度研究集中于多信道资源调度。在多信道资源调度中,网络存在多条可用信道,需要综合考虑信道和时隙资源的联合调度,减少网络中的整体干扰,提高网络吞吐量。在多信道网络中,首先使用合适的信道调度方案给各个节点分配信道。基于树的信道分配方案经常用于网络信道资源的有效分配中[82]。Yue 等人[83]研究了基于多信道的物联网数据采集与传输技术。多信道资源调度中需要考虑节点并发传输之间的干扰冲突。

2. 拓扑相关和拓扑透明的资源调度

拓扑相关的资源调度是需要准确掌握全网拓扑结构的情况下进行的资源分配,其高度依赖于网络拓扑信息[84]。拓扑相关的资源调度得到的分配方案较接近最优的分配方案,但是获取全网信息需要较大的开销,所以只适合静态网络,而拓扑结构频繁变化的网络不适合采用此方案。

在拓扑透明的资源调度中,只需掌握网络局部信息,如节点数或最大邻居节点个数等参数,它与特定的拓扑结构无关,且不受节点移动性的影响。李西洋[85]对拓扑透明 MAC调度码及光正交码进行了设计。Sun 等人[86]提出了拓扑透明调度的统一框架,并在此框架下比较了几种拓扑透明调度算法的性能。拓扑透明的资源调度降低了全网重新计算和分配的额外开销,适合动态变化较大的网络,但网络延时较大。

3. 集中式、分布式和集中式/分布式混合式资源调度

在集中式资源调度中,中心控制器负责整个网络资源分配的计算。中心控制器要计算网络的信息和业务需求,根据需求建立一个资源调度表,并将这个调度表下发给网络中的各个节点[87]。赵晶[88]研究了工业无线传感器网络集中式资源调度。集中式资源调度产生的分配结果接近最优,但是不适合网络拓扑频繁改变的情况,因为频繁的计算和下发分配方案将带来较大的开销。

在分布式资源调度中,各节点根据局部信息来决定时隙和信道分配,节点通过可用的局部信息进行计算,节点之间需要相互协调[89]。牛建军[90]对无线传感器网络分布式调度方法进行了综述。分布式资源调度较适合动态网络,但是性能可能低于集中式资源调度。

集中式/分布式混合式资源调度,即集中式和分布式结合的资源分配方法,部分节点可根据局部信息产生分配方案。基于我国制定的工业无线标准 WIA-PA(Wireless Networks for Industrial Automation Process Automation),Liang 等人[91]提出了集中/分布混合式的调度模式,针对簇内和簇间不同的通信模式,对不同的网络节点分配不同的通信资源。Li 等人[92]提出了基于 D2D 的 V2X 通信的集中式/分布式混合资源调度。混合式资源调度结合了两种资源分配的优点,但是资源分配开销较大。

4. 固定、竞争和固定/竞争混合资源调度

在固定资源调度中,节点根据事先约定的资源分配算法来获得固定通信时隙和信道等资源的使用权,进行数据传输,从而避免节点之间通信的相互干扰。具体实现方式包括 TDMA、频分多址(Frequency Division Multiple Access,FDMA)和码分多址(Code

Division Multiple Access,CDMA)等[79]。固定时隙分配算法一般采用"先收集,后发送"的通信协议[93],这样可以保证数据发送的公平性,但是对于应急数据,网络时延较大。

在竞争资源调度中,需考虑尽量减少节点间同时通信的冲突和干扰,因为采用随机竞争方式的话,在需要发送数据时节点会随机占用网络资源。载波监听多路访问(Carrier Sense Multiple Access,CSMA)机制是一种典型的基于竞争的分布式介质访问控制协议[94]。但是当节点较多时,如果完全基于随机竞争机制,数据的碰撞率会较高。

固定/竞争混合资源调度,即固定分配和随机竞争结合的调度方法。固定分配阶段为每个节点分配资源,保证数据发送的稳定性。竞争分配阶段,多个节点可并发,能够按照一定的机制竞争资源。自适应广义传输(Adaptive Generalized Transmission,AGENT)协议采用了动态混合时隙分配[95]。

在实际应用中,根据不同的应用背景、网络拓扑和优化目标需求,可以折中选择不同的资源调度方案。

3.2 基于分簇的资源调度

分簇为降低物联网能耗、延长其生命周期提供了有效的解决方案,学者们已经提出了许多分簇方案[96]。分簇技术把网络划分为不同的簇,通过簇头(Cluster Head,CH)管理其他成员节点[97]。Xu 等人[98]对无线传感器网络中的分簇技术进行研究,并考虑将其应用于 5G 物联网场景中。Reddy 等人[99]提出了基于物联网的自适应簇头选择优化方法,结合网络中节点的能量、距离、时延等参数,实现能量感知的簇头选择和分簇协议。分簇使得网络通信能耗降低、可扩展性提升,因此在物联网中应用比较广泛。

作为较早的分簇协议,低功耗自适应集簇分层型(Low Energy Adaptive Clustering Hierarchy,LEACH),以循环的方式随机选择簇头节点,并将网络的能量负载平均分配到每个节点中,以降低能量消耗,提高网络整体生命周期[100]。

LEACH 协议中,哪些节点在当前周期中可以成为 CH 是由 n 个节点通过选择 0 和 1之间的随机数 r 决定的。如果随机数 r 小于阈值 $T(n)$,则相应的节点在本周期成为 CH,$T(n)$如式(3-1)所示。

$$T(n)=\begin{cases} \dfrac{P}{1-P\times(r\bmod \dfrac{1}{P})}, & n\in G \\ 0, & \text{其他} \end{cases} \tag{3-1}$$

其中,n 为节点的数量;G 为在前序周期中未作为簇头的节点集;P 为节点选为 CH 的先验概率;r 为当前节点产生的 0 和 1 之间的随机数。

LEACH 协议的缺点是先假设了所有节点都可以相互通信并且能够到达汇聚节点,而这一点在大规模网络中很难实现,并且在 LEACH 协议中,每一个周期都进行动态成簇将会带来巨大的能量开销。张现利[101]提出了基于改进 LEACH 协议的物联网能耗均衡路由算法,该算法基于 K-Means 分簇算法,根据节点的剩余能量、节点与聚类中心及基站的距离来选取合适的簇头,以达到物联网负载均衡的目的。闻国才[102]提出了低速率窄带物联网能耗均衡路由方法,其簇的建立基于 LEACH 协议,并设计了数据接收与数据传输两个稳定阶段,使物联网路由能耗均衡。此外,还有很多研究人员对物联网中的 LEACH 协议提出了改进方案[103-104]。

物联网应用的障碍之一是大量采集设备的供电问题。对于大多数物联网应用来说,有线电源不切实际,而电池电源需要定期更换,需要更复杂的运维。对于多跳网络,由于基站附近的节点频繁转发信息而能耗较快,基站附近会产生“能量空洞”现象[105]。如果网络中的一些关键节点发生故障或因能量耗尽而失效,那么就会出现孤立节点或隔离区域,从而影响通信质量和网络寿命。Watfa 等人[106]为了解决“能量空洞”问题,通过修改传感器节点的硬件,引入一个充电层到传感器网络协议栈,用于无线传送和接收能量,然而该方法在实际中很难实现且成本太高。Li 等人[107]提出了能量有效的非均匀分簇(Energy-Efficient Unequal Clustering,EEUC)算法,采用非均匀分簇的平衡能量策略来缓解多跳网络中的“能量空洞”现象,从而延长网络寿命。该算法将网络划分为不同大小的簇,距离基站(Base Station,BS)较远的簇成员数大于靠近基站的簇成员数。在 EEUC 中,节点 s_i 的竞争半径 $s_i\_R_{comp}$ 如式(3-2)所示。

$$s_i\_R_{comp} = \left(1 - c \times \frac{d_{max} - d(s_i, BS)}{d_{max} - d_{min}}\right) R_{comp}^0 \qquad (3\text{-}2)$$

其中,R_{comp}^0 为预定义的最大竞争半径;d_{max} 为节点到 BS 的最大距离;d_{min} 为节点到 BS 的最小距离;$d(s_i, BS)$ 为节点 s_i 到 BS 的距离。

EEUC 的缺点是分簇过于频繁,没有考虑簇头节点轮换机制。Aierken 等人[108]提出了基于簇头轮换的非均匀分簇协议(Rotated Unequal Clustering Protocol,RUHEED),在簇头选择阶段采用 HEED 算法[109],选择其剩余能量最高的簇成员作为下一轮的候选簇头,直到其中一个节点完全耗尽其能量后,才执行簇头节点的轮换机制。然而RUHEED 没有考虑簇头能量阈值因素。基于分簇的动态负载平衡协议(Dynamic Load-balancing Cluster based Protocol,DLCP)[110]在每个簇中轮换簇头,并选择每一轮剩余能量最高的节点作为候选簇头。当簇头的能量小于一个固定的阈值时,就重新进行分簇过程。然而 DLCP 中没有考虑网络拓扑的动态变化和簇成员节点数量的阈值。在前期研究中,本书作者[111]提出了一种基于动态拓扑的非均匀分簇(Dynamic Unequal Clustering and Routing,DUCR)算法,当簇成员节点数量达到一定阈值的情况下进行重新分簇,可以平衡网络负载,延长网络寿命。

目前,一些研究人员根据不同需求提出了不同的分簇方法。Arjunan 等人[112]对无线传感器网络中非均匀分簇方案进行了综述,给出了不同方案下的分簇特性、簇头选择和分簇过程。黄晨昕等人[113]提出了物联网能量均衡聚类分簇算法,该算法在随机选择簇头的同时保证簇头节点的均匀分布,选择剩余能量高于平均能量且簇内通信代价最小的节点作为簇头节点,并采用分层路由的方式,在簇间实现多跳传输。针对煤矿物联网灾后重构网络中,因能量耗尽或环境被破坏,簇头节点可能失效导致重构网络不稳定的情况,赵清等人[114]提出了自适应重构的加权分簇组网算法,以优化重构网络分簇过程并提高其稳定性。

分簇有助于建立良好的物联网拓扑结构,优化服务质量参数,同时便于管理底层动态物联网环境中的资源。Wang 等人[115]提出了一种基于物联网的能量高效的分簇算法,该算法考虑了链路分布的不均匀性,用非均匀分簇方案平衡能量负载。Kumar 等人[116]在研究 K-means 分簇、层次分簇和模糊 C 均值分簇(Fuzzy C-means Clustering,FCM)了的基础上,提出了响应时间感知的物联网调度模型,通过响应时间来确定最佳路径选择,最大限度地减少了等待时延。Cui 等人[117]提出了基于人工智能数据分析的子空间物联网分簇策略,为了降低成本,在边缘服务器上部署子空间分簇的 AI 模型,使用后处理策略删除表征系数矩阵中不正确或无用的链接。Aher 等人[118]提出了使用分簇物联网来判断智能农业参数的方案,通过提供图形数据,让用户更好地了解农业参数。针对动态异构物联网,Kumar 等人[119]提出了分层分簇策略。分层分簇的系统模型中具有两级层次结构,底层设备包含传感器、RFID 设备、人员等。由于能量较低,这些设备没有 IP 地址,无法直接访问云链接,需要节点收集信息并将其发送给簇头。高层由配有 IP 地址的移动基站组成,簇头融合接收信息并发送给物联网的移动基站。

基于分簇的路由方法是提高网络寿命和降低能耗的有效方法。对于大规模物联网来说,由于长距离传输,因此一般需要通过多跳路由选择来寻找最佳传输路径,以降低数据传输的能量消耗。高效的路由选择技术在延长网络生命周期、降低能耗、均衡负载等方面有着重要作用[120]。Sivaraj 等人[121]提出了基于簇和树的路由方案,该方案在路由树的构造中引入了独立节点集和支配集的概念。其主要思想是创建 n 个层次,然后为每个层次指定一个独立邻居节点集(Independent Neighbour Set,INS),从而形成树的主干,减少簇间通信距离,均匀分布节点能量。Xia 等人[122]提出了基于非均匀分簇和连通图的节能路由(Routing Algorithm based on Unequal Clustering Theory and Connected Graph Theory,UCCGRA)算法,该算法根据每个节点的平均传输功率,形成大小不等的簇,并通过每个簇头的位置和连通性来构造多跳路由树。Huynh 等人[123]提出了一种基于延迟约束的节能非均匀分簇的多跳路由算法,在选择簇头时,每个节点竞争成为簇头,其中剩余能量高的节点优先于剩余能量低的节点。Khoulalene 等人[124]提出了基于分簇负载均衡的路由协议,协议中的负载均衡聚类(Clustering Algorithm with Load Balancing,CALB)是一种完全分布式的算法,节点只需要与相邻节点进行通信。Sennan 等人[125]提出了基于群体智能(Swarm Intelligence)的物联网节能分簇和路由算法,使用 Swarm 算法选择簇头,延长网络寿命,减少数据到基站的延迟。Xu 等人[126]提出了物联网改进的 LEACH 分簇算法,优化了簇头选择策略和簇头与汇聚节点间的路由,单跳路由还是多跳路由取决于簇头的剩余能量和到汇聚节点的距离。Sankar 等人[127]提出了基于多层分簇的物联网能量感知路由协议,形成环型非均匀簇,簇间路由通过模糊逻辑来选择最佳中继节点。Sankar 等人[128]提出了一种基于分簇树的路由协议(Cluster Tree-based Routing Protocol,CT-RPL),该协议涉及 3 个过程,即簇的形成、簇头选择和路由建立。基于欧几里德距离形成簇,簇头的选择使用博弈论方法,路由的建立使用剩余能量比、队列利用率和预期传输计数等信息。Maheswar 等人[129]提出了一种基于分簇的反压路由算法(Cluster-Based Backpressure Routing,CBPR),其每一组传感器节点的路由选择综合考虑最高能量的簇头和到接收节点的最短距离,数据传输可靠性采用能量负载平衡机制。

对于分簇的网络,簇头节点可以对簇成员数据进行融合。对于低功耗物联网,如果节点分布密集,相邻的节点测量的数据会相同或者相似。虽然多节点协作感知可以提高感知和采集精度,但将导致网络中出现大量的冗余数据[130]。簇头节点对簇成员数据进行融合后,多个数据被汇聚成单个数据,传输的数据量大幅减少,这既提高了网络资源的调度效率,也节约了能量。John 等人[131]对基于树的节能数据融合技术进行了综述。杨阳[132]针对物联网中的感知数据具有冗余性、海量性的特点,研究了数据压缩和冗余方案。Alam 等人[133]侧重于数学方法和特定的物联网环境,综述了物联网数据融合方面的文献。Jiang 等人[134]提出了在区块链中基于公平性的工业物联网数据打包算法,该算法不仅实现了较好的公平性,而且减少了平均响应时间。物联网中大部分数据采集设备采用电池供电,而处理和传送很多冗余数据将消耗大量能量和存储、通信及计算等资源,所以基于分簇的数据融合技术有助于提高物联网资源利用率。

基于分簇的资源调度可分为簇内通信的资源调度和簇间通信的资源调度,簇内通信的资源调度一般基于 TDMA 时隙调度,而簇间通信的资源调度一般基于路由选择。针对分簇的物联网,研究人员提出了相应的资源调度方案。刘鑫[135]提出了分簇认知物联网联合资源分配算法,该算法的每个簇由簇头统一管理,只有簇头节点参与协作频谱感知,而不是所有节点都参与,因此大幅度降低了协作开销,并通过联合资源分配提高了物联网的传输速率。Yang 等人[136]提出了一种簇内通信和簇间通信两阶段资源分配的层次结构调度算法,该算法使用图染色的信道分配方法,并在簇内通信时采用 TDMA 进行时隙分配。对于簇间通信,还提出了一种动态最大化并行链算法,其根据网络拓扑信息,采用动态规划方法,寻找可并行传输的最大节点集。Devi 等人[137]提出了基于分簇的降低时延和丢包的数据收集算法,该算法中的汇聚树由汇聚节点使用最小生成树(Minimum Spanning Tree,MST)构造,在对汇聚数据进行优先级排序和时隙分配时,考虑了丢包率和时延。

EIHalawany 等人[138]提出了基于分簇的蜂窝式物联网上行链路资源分配方案,通过资源联合和功率分配,使物联网设备连接最大化,提高了干扰约束下的网络吞吐量。Liu 等人[139]提出了基于分簇和非正交多址(Non Orthogonal Multiple Access,NOMA)的认知工业物联网资源分配方案,通过分簇算法和簇间的频谱感知,保证了能量负载平衡和传输性能。Darabkh 等人[140]提出了一种低时延、低功率并结合了干扰感知的多跳分簇物联网时隙分配方法,在 MAC 协议中使用时分多址和直接序列扩频(Direct Sequence Spread Spectrum,DSSS)等,延长了网络生命周期。

非均匀分簇策略可有效缓解物联网多跳通信中基站附近节点的"能量空洞"现象。而目前针对非均匀分簇物联网的资源调度研究较少,且很多基于分簇的资源调度中忽略了失效节点时隙资源的回收和复用问题。在非均匀分簇拓扑结构中,还需要综合考虑不同大小的簇的簇内通信和簇间通信的资源调度问题。如何对非均匀簇物联网进行合理资源调度并提高网络吞吐量是亟须解决的问题。

3.3　基于优先级的资源调度

在物联网应急通信中,如预防火灾或者气体泄漏等监测中,数据的网络时延是很重要的性能指标。而先到先服务(First Come First Served,FCFS)资源调度方案中,数据按照队列中到达的顺序进行处理,而应急数据无法优先传输。如何合理利用有限的资源,减少应急数据的网络时延成为物联网重要的研究内容。Kumar 等人[141]针对灾难情况下的资源调度,研究了基于优先级的稳定匹配算法,相应的活动按照优先级来被分配资源。对于物联网数据采集,不同的应用可能需要不同的延迟约束,Huang 等人[142]提出了一种基于延迟区分服务的数据采集方案,其根据数据的延迟要求智能选择数据路由。对于延迟敏感的数据,采用直接转发方法达到传输延迟最小化;对于可延迟发送的数据,采用等待转发方式,通过数据融合减少冗余,从而降低网络能耗。

基于优先级的资源调度中一般很少使用固定资源分配方案。在固定资源分配算法中,节点根据事先约定好的分配算法获得相对应的资源。DMAC(Dynamic Medium Access Control)是一个典型的固定资源分配算法,该算法将节点周期划分为接收时间、发送时间和睡眠时间[143],并采用交错的监听调度机制来分配节点睡眠状态,解决了同步睡眠造成的数据在多跳路径的调度时延问题。DMAC 协议交错唤醒机制如图 3-2 所示,其中 Rx 表示接收时隙,Tx 表示发送时隙。固定时隙分配算法的优点是可以保证数据发送的公平性,且时隙分配可在网络运行前设定;缺点是应急数据的网络时延较大,会影响系统的性能。

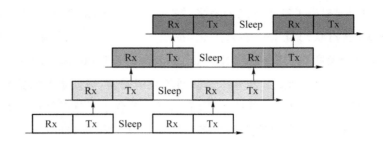

图 3-2　DMAC 协议交错唤醒机制

基于优先级的资源调度中,数据一般按照其优先级竞争网络资源。在竞争资源分配算法中,可采用按需预留的方式,节点在竞争时隙中通过部分交互控制报文获得相应的资源。传统的带冲突避免的载波侦听多址接入(Carrier Sense Multiple Access with Collision Avoidance,CSMA/CA)访问机制如图 3-3 所示。在 CSMA/CA 中,节点必须先对信道进行侦听。如果节点侦听时发现信道忙则继续侦听,直到检测到信道空闲且长度大于分布协调功能帧间隔(Distributed Inter-frame Spacing,DIFS),此时采用二进制退避算法进入退避状态,以免发生碰撞。节点退避一段时间后重新竞争信道并发送数据,直到成功发送数据。

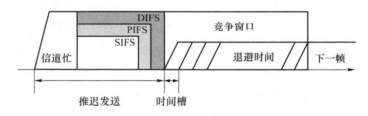

图 3-3　CSMA/CA 访问机制

而 CSMA/CA 会随着信道访问量和节点数量的增加延迟变大[144]。Maatouk 等人[145]提出的基于 CSMA 的 MAC 改进方案中,允许节点转换到睡眠模式以减少耗电量。竞争资源分配算法的优点是允许网络内节点在一定范围内竞争资源,从而实现资源的复用;缺点是由于其完全基于随机竞争机制,因此当节点较多时,数据的冲突率较高,某些节点也可能因为长时间竞争不到资源而发生"饿死"现象。

混合资源调度分为固定分配段和竞争分配段。工业无线国际标准 ISA100.11a[146]、WirelessHART[147]和 WIA-PA[148]等一般采用 TDMA/CSMA 混合接入、多频道跳频、集中式路由等策略。WIA-PA 标准是中国主导制定的工业无线标准,2011 年正式成为 IEC 62601 国际标准。WIA-PA 为两层拓扑结构,下层为星型结构,由簇头节点和簇成员节点构成;上层为 Mesh 网络结构,由网关和簇头节点构成。WIA-PA 的物理层基于 IEEE 802.15.4 协议,采用超帧结构来组织网络时隙分配。WIA-PA 超帧结构如图 3-4 所示,分为信标、活跃期和非活跃期[149]。活跃期中的竞争接入期(CAP)主要用于设备加入以及簇内管理,非竞争接入期(CFP)主要用于簇成员节点与簇头通信。非活跃期包括簇内通信、簇间通信以及休眠。Liu 等人[150]混合基于竞争的 CSMA/CA 和无竞争的 TDMA 分配,提出了 M2M 网络中的一种混合 MAC 协议。Shahin 等人[151] 提出了一种混合访问控制协议(HSCT),该协议基于集中式身份验证控制的改进机制,减轻了大规模设备之间竞争严重的问题。混合时隙分配算法的优点是既能充分复用时隙,又能达到实现优先级服务的效果;缺点是资源调度设计较为复杂。

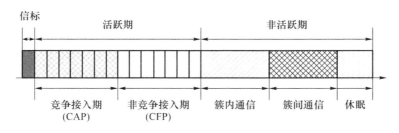

图 3-4   WIA-PA 超帧结构

在一些工业生产或危险环境监测物联网中,节点必须先识别哪些数据是紧急数据,并将应急数据优先传送到基站。基于优先级的资源调度在减少应急数据网络时延方面起着关键作用。Subhashini 等人[152]采用优先级调度算法对数据传输进行有效调度,即具有最高优先级的实时数据包被优先放置在处理队列中,其余的分组根据传感器节点的位置进行排列,并放置在单独的队列中。姚引娣等人[153]提出了基于 LoRa 组网的多优先级时隙分配算法,其结合固定时隙分配和竞争时隙分配,根据网络容量来动态调整时隙分配,平衡节点优先级的权重,以提高网络传输稳定性和效率。胡江祺[154]提出了工业物联网动态资源分配机制,通过在工业物联网中动态分配时隙资源和功率资源,在稳定安全的前提下优化了系统的性能。Xia 等人[155]基于相对执行期限,提出了源路由和图路由共存的工业物联网优先的调度方案(Relative-execution Dead-line First,RDF),该方案根据数据的相对截止期限分配资源,有效地提高了工业物联网的资源调度效率。

在应急通信中,数据业务的网络时延是很重要的 QoS 指标参数。Qiu 等人[156]综合考虑了智能城市分组调度的实际应用,如消防监控服务、医疗救援服务等,提出了物联网应急数据调度方案。其用数据包优先级和截止期限描述数据包的紧急信息,且每个源节点在发送数据之前将紧急信息通知目的节点,确保紧急数据的及时性,而非紧急数据包在截止期限内发送到接收节点即可。Renato 等人[157]提出了一种链路调度算法,通过最小化链路所需的时隙数,使得节点能够在 SINR 通信干扰模型下无冲突地进行通信。Liu[158]提出了一种基于加权战术意义标绘(Weighted Tactical Significance Map,WTSM)的多目标优先级排序算法,其结合线性加权法和战术意义标绘的思想,利用层次分析法计算优先级权值。Ahmad 等人[159]提出了树型拓扑的分布式实时 TDMA 调度算法,基于树型拓扑,将具有时间限制的数据流从不同方向并行传输。张春光等人[160]提出了多种服务质量驱动的物联网资源分层调度,以满足不同用户的个性化需求和实时性需求,提高资源的利用率。

基于优先级的资源调度可以有效提高应急数据的传输效率。Kavitha 等人[161] 提出了一种基于优先级的物联网自适应调度算法,该算法基站根据每个节点的业务优先级为其分配无冲突的时隙,以满足物联网传感器系统中异构应用的不同服务质量需求。Qiu 等人[162] 提出了应急物联网中事件感知背压的调度方案(Event-Aware Backpressure Scheduling,EABS),即根据不同数据包到达过程的分析,设计了带有紧急数据包的背压队列模型,此时紧急数据包以最短路径转发。Liu 等人[163] 提出一种优先级增强的时隙分配 MAC(Priority-enhanced slot Allocation Medium Access Control,PriAlloc-MAC)协议,该协议允许具有紧急流量的节点抢占时隙以减少信道访问延迟。PriAlloc-MAC 协议还根据要传输的数据包的长度,为每个节点分配不同数量的时隙,以提高信道利用率。Nasser 等人[164] 提出了一种动态多层优先级(Dynamic Multi-level Priority,DMP)分组调度方案,该方案的节点将数据分为 3 个不同的就绪队列,即高优先级、中优先级和低优先级,确保高优先级数据到达基站网络时延较小,同时对低优先级数据保证一定的公平性。Mahendran 等人[165] 提出了多级动态反馈调度方案(Multilevel Dynamic Feedback Scheduling,MDFS),在 DMP 的基础上引入反馈机制,数据可以通过反馈机制调整自己的优先级就绪队列。Kim 等人[166] 为最大限度地提高信息质量,提出了物联网实时调度方案,介绍了几种启发式调度算法并对其性能进行了比较。Wang 等人[167] 提出了一种增强的动态优先级分组调度,每个节点都有低、中、高三种优先级就绪队列。低优先级队列存储无需传输的本地节点非实时数据包;中优先级队列存储需要传给其他节点非实时数据包;高优先级队列存储实时数据包。实时数据包可以抢占非实时数据包的资源,而其他队列中的调度序列仍然是按先到先服务分配。

在很多基于优先级的物联网资源调度中,数据的优先级一般提前设置,且只能检测一种应急数据类型。然而,在一些场景中,数据的优先级很难提前设置,因为有时应急数据的特征可能和时间因素有关,如温度数据的优先级阈值会随着时间的变化而变化。如何实时判断物联网数据的优先级并检测多种应急数据,以及如何通过合理的资源调度减少应急数据的网络时延成为亟待解决的问题。

3.4　基于路由的资源调度

物联网路由对于解决网络负载平衡、流量管理和资源调度等问题起着至关重要的作用,有效的路由策略可减少能耗,延长网络生存期。路由协议通常遍历节点的所有邻居来寻找中继节点。Bhattacharjee 等人[168] 提出了多跳无线网络寿命最大化的动态节能路由协议,其选择代价最低的邻居节点作为下一跳中继节点,生成多个能量感知路由树,以平衡节点间的能量消耗,延长网络生存期。Sankaran 等人[169]利用马尔可夫链提出的物联网朴素泛洪(Naive Flooding)路由协议分析模型预测了物联网路由能耗,延长了网络的生命周期。Yuan 等人[170]提出了基于代价的能效路由协议(Cost-based Energy Efficient Routing Protocol,CEERP),该协议可以通过计算与比较代价函数值找到具有优异性能的路由。Raj 等人[171]提出了将分簇、神经网络和简单的模糊规则结合起来,为物联网提供节能有效的路由,且支持最短路径传输,从而降低物联网能耗,并改进 QoS 指标。由此可知,路由协议在物联网的多跳传输中起到至关重要的作用,采集的数据要经过有效路由才能最终到达基站。

高效的动态路由选择方案可提高物联网吞吐量,均衡网络能耗及缓解网络拥塞。Hasan 等人[172]基于有证容错性的物联网多路径路由优化方案,提出了一种基于粒子群优化(Particle Multi-Swarm Optimization,PMSO)的路由算法,该算法用多粒子群策略确定多路径路由选择的最优方向。Qiu 等人[173]提出的针对应急响应物联网(Emergency Response IoT based on Global Information Decision,ERGID)的高效路由协议提高了物联网中应急数据的传输效率。陶亚男等人[174]提出了基于改进猫群算法的物联网感知层路由优化策略,其在生成路径时综合考虑路径剩余能量方差、节点负载、节点间的距离和节点剩余能量等因素,并引入了备份路由,以保证实时传输数据。Dhumane 等人[175]给出了物联网路由的综述,并根据不同参数对路由算法进行了分类。Marietta 等人[176]也对现有物联网路由协议中涉及的主要问题及不同类别进行了综述。考虑物联网发展迅速的特点,物联网路由协议在未来研究中的挑战包括可扩展性、移动性、安全性和分布式控制等[177]。在具体物联网应用中,需要根据优化目标和服务质量需求来选择不同的路由方案。

在多跳物联网中,资源调度一般基于路由选择策略。一些研究人员提出了基于路由树或树形拓扑的资源调度方案。Lee 等人[178]提出了基于树的时分多址 MAC(Tree TDMA)算法,Tree TDMA 支持语音和数据的全双工通信,包括时隙分配和频率分配。时隙分配中,通过控制信道生成路由路径,再由路由路径进行频率的分配。Osamy 等人[179]提出了基于遗传算法的数据采集 TDMA(Effecient TDMA based on Genetic Algorithm,ETDMA-GA)调度,其为了使 TDMA 中的平均延迟最小化,将遗传算法用于 TDMA 调度的生成。Zhang 等人[180]提出了一种基于染色路由树的工业无线传感器网络资源分配算法,即基于路由树,使用染色法给每个节点分配信道。Nurlan 等人[181]提出了基于路由的物联网无线 Mesh 网络资源优化分配方案,以确保最小的数据传输延迟时间。Chithaluru 等人[182]提出了基于模糊排序的节能路由的物联网调度,路由的特定树拓扑使用面向目标的有向无环图(Destination Oriented Directed Acyclic Graphs,DODAG),父节点充当中继节点,将数据包传输到根节点。Abdullah 等人[183]基于路由信息,提出了物联网最短处理时间(Shortest Processing Time,SPT)调度方案,其中传感器连接起来组成了物联网小组,每个小组都有一个指定的代理,并选择一种调度策略将消息传输到接收节点。Zhang[184]提出了基于树的周期性蜂窝 M2M 资源分配,引入了一种树形结构,并用于复用不同类型设备的信道。路由协议 PEGASIS(Power-Efficient GAthering in Sensor Information Systems)使用贪心算法生成由所有节点组成的单链,链上的每个节点仅与其相邻节点通信,并最终把数据传给基站[185]。Dai 等人[186]提出了基于分簇和 PEGASIS 的数据采集算法,该算法将簇头节点作为传输链上的节点,并将传输链分为左右传输链,以尽量减少传输时间,提高资源利用率。

在基于多信道的物联网资源调度中,首先需要对信道进行分配。Tan 等人[187]研究了基于树形混合拓扑的地下采矿物联网多信道传输方案,并将其表述为多信道多时隙协同调度问题,减少了丢包率和网络时延。Gao 等人[188]提出了一种基于边缘计算的物联网信道分配算法,该算法在边缘服务器上执行信道分配,可更好地适应动态变化。Rodoplu 等人[189]提出了物联网多信道联合预测调度方案,其通过多信道分配以最大限度地提高多个时间段内传送的数据包总数。

在一些应用场景中,基站离数据采集区域较远,为提高数据传输效率,可构造异构物联网,设置专门的路由节点进行数据的路由转发。而在很多基于路由的异构物联网资源调度中,需要根据不同的节点功能进行时隙和信道等网络资源的综合分配来提高资源的利用率。

3.5　本章小结

本章分别介绍了基于分簇的资源调度、基于优先级的资源调度以及基于路由的资源调度研究现状。现有研究中还存在一些问题,如非均匀分簇物联网的资源调度中如何充分利用有限资源进行高效并行传输的问题;一般基于优先级的物联网资源调度中优先级必须提前设置,但在一些场景中,数据的优先级很难提前设置的问题;在一些异构物联网资源调度中时隙复用率难以提升,网络资源利用率低下的问题。针对上述存在的问题,面向分簇的物联网资源调度与优化关键技术研究具有重要的实际价值和理论意义。

第 4 章　基于非均匀分簇的
物联网资源调度方案

物联网应用的障碍之一是数据采集设备的供电问题,对于许多物联网的应用来说,有线电源不切实际,而定期更换电池需要更复杂的运维。物联网多跳通信中,基站附近节点承担较多的数据转发工作会导致电池能量耗尽较快,出现"能量空洞"现象,而通过非均匀分簇策略可以减轻此问题。但很多资源调度方案未考虑"能量空洞"问题,且忽略了失效节点的资源回收和复用问题。本章将介绍基于非均匀分簇的物联网资源调度方案(IoT Resource Scheduling based on Unequal Clustering,RSUC),RSUC 结构如图 4-1 所示。本章首先介绍基于动态拓扑的非均匀分簇策略,以缓解多跳物联网中存在的"能量空洞"现象;然后介绍基于非均匀分簇的路由选择和分层机制,建立基于多跳路由约束准则,寻找最优的中继节点,并根据数据传输链路由对簇头进行分层;最后介绍基于非均匀分簇的簇内通信和簇间通信的资源调度。在簇内通信的资源调度中,簇头节点根据本簇成员数的阈值动态回收失效节点的资源;在簇间通信的资源调度中,根据传输链的不同层,簇头节点获得不同的发送和接收时隙。在基于 RSUC 中,基站附近的簇被分配较少的簇内通信时隙和较多的簇间通信时隙。离基站越远的簇,簇间通信越早结束,并且结束后就进入簇内通信,而不是等待所有簇头完成簇间通信才进入簇内通信,以此来提高资源的利用率。实验表明,通过合理的簇内通信和簇间通信的信道和时隙联合资源分配可以让数据尽量并行传输,减小网络能耗,提高网络吞吐量。

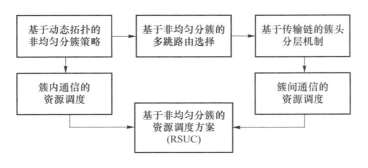

图 4-1　RSUC 结构

4.1　RSUC 的网络模型

RSUC 中综合考虑了动态变化的非均匀分簇和多跳路由。物联网设备主要有数据采集节点、簇头节点、基站和主控设备。每个簇都有一个簇头节点用于收集本簇内节点的数据,并把数据以多跳的方式传输到基站。各节点具体功能如下。

1. 数据采集节点

数据采集节点主要负责感知并收集监测区域环境和设备的信息,如湿度、温度、噪声、震动和红外感测等数据。分簇后数据采集节点将成为某个簇的成员(Cluster Member, CM)节点,将采集到的数据以一跳方式发送给簇头节点。

2. 簇头节点

簇头节点主要负责生成簇内通信的资源调度表,接收本簇内数据采集节点的数据,对数据进行融合处理,并以多跳的方式将数据转发到基站,同时在簇内广播时间同步信息、信道及时隙调度表的更新等信息。

3. 基站

基站主要负责生成簇间通信的资源调度表,收集簇头节点的数据信息,最终把数据传给主控设备,并在全网范围内广播时间同步信息、信道分配表及簇间时隙调度表等信息。

4. 主控设备

所有的数据最终都被传到主控设备中。主控设备对采集的数据进行统一管理和处理,并为用户提供实时信息。

RSUC 的非均匀分簇网络拓扑如图 4-2 所示。RSUC 需要满足以下约束条件:

① 物联网各节点可以根据接收信号强度指示(Received Signal Strength Indicator, RSSI)来计算距离;

② 物联网各节点传输功率可调;

③ 数据采集节点的数据周期性是采集生成的;

④ 簇头节点在簇内通信中收集本簇成员的数据,并对其进行数据融合。但在簇间通信过程中,考虑各簇数据的差异性,对收到的信息不进行融合;

⑤ 基站支持多接口、多信道通信;

⑥ 在簇内通信中,数据采集节点在一个单位时隙内能完成本节点在本周期采集的数据传输,单位时隙大小可根据应用环境进行调整;

⑦ 一个时隙中,节点最多只能与一个邻居节点进行通信。节点在一个时隙中只处于发送状态或接收状态。

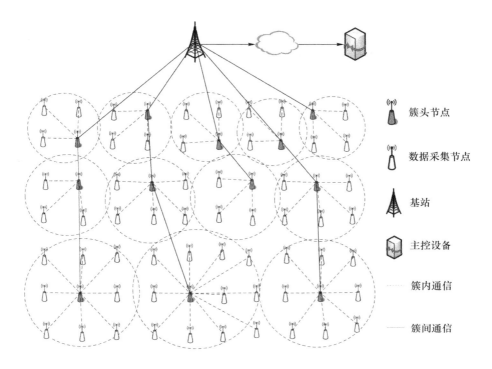

图 4-2 RSUC 的非均匀分簇网络拓扑

表 4-1 给出了 RSUC 中使用的符号表示及说明。

表 4-1 RSUC 的符号表示及说明

符号	英文全称	说明
CH_i	Cluster Head i	簇头节点 i
FL_CH	CH_s of First Level	第一层簇头节点
E_{CH_i}	Residual Energy of CH_i	CH_i 的剩余能量
$D(CH_i, BS)$	Distance from CH_i to BS	CH_i 到 BS 的距离
NBr_{n_i}	Neighbors of n_i	节点 n_i 的邻居
ACH	Alternative Cluster Head	备选簇头
$N\_NBr_{CH_i}$	Number of Neighbor Nodes of CH_i	CH_i 的邻居节点数
RN_CH_i	Relay Node of CH_i	CH_i 的中继节点
CRN_CH_i	Candidate Relay Node of CH_i	CH_i 的候选中继节点
$Cost(CH_i, CH_j)$	Cost Function of the CH_i to CH_j	CH_i 到 CH_j 的代价函数
CCH	Candidate Cluster Head	候选簇头
IsR_{CH_i}	CH_i is relay node of some CH_s in current round	在当前周期中,CH_i 已是某个 CH 的中继节点
CH_i_hop	Number of Hops From CH_i to BS	CH_i 到 BS 的跳数
L_i	Level i	层次 i,L_{max} 表示网络最高层
CH_{L_i}	The Set of CH in L_i	L_i 中的 CH 集合

符号	英文全称	说明
LCH_i	Level of CH_i	CH_i 的层次
$N\_CH_{L_i}$	Number of CH_s in Set CH_{L_i}	集合 CH_{L_i} 中的簇头节点数
$N\_CH_{i_{TC}}$	Number of CH_s in Transmission Chain of CH_i	CH_i 在传输链上的 CH 数
T_{CH_E}	Threshold of Energy of CH	CH 的能量阈值
N_CM	Number of Cluster Members	簇成员数
TN_CM	Threshold of Number of Cluster Members	簇成员数的阈值
S	Sending State	发送状态
R	Receiving State	接收状态
C_i	Channel i	第 i 个信道
$TS_{CH\text{-intra}}$	Intra-cluster Time Slot of CH	CH 的簇内通信时隙
TS_{CM_i}	Time Slot of CM_i	数据采集节点 CM_i 的时隙
TS_CH_i	Time Slot of CH_i	CH_i 的簇间时隙
TTS	Total Time Slot of Inter-cluster Communication	簇间通信总时隙数
EOD_CH_i	End of Datain CH_i	CH_i 的数据结束标记

4.2　基于动态拓扑的非均匀分簇策略

物联网传感器节点的能量耗尽、新节点的补充及环境等因素将导致网络拓扑动态变化。基于上述 RSUC 的网络模型,本节将介绍一种基于非均匀分簇的能量均衡策略,以适应网络动态拓扑,缓解多跳通信引起的基站附近节点承担较多的数据转发而产生的"能量空洞"现象。非均匀分簇过程包括网络初始阶段、备选簇头节点的产生与信息广播阶段、簇头节点的确定与信息广播阶段以及簇头节点动态轮换阶段等,具体如下。

1. 网络初始阶段

在网络初始阶段,基站首先向全网广播时间同步消息,每个节点 n_i 根据接收到的 RSSI 计算出该节点到 BS 的距离 $D(n_i, BS)$。然后每个节点按 ID 顺序广播自己的节点信息 Own_MSG,收到 Own_MSG 的邻居节点回复 NBr_MSG,节点收到邻居节点 NBr_MSG 后建立邻居节点信息表,并统计邻居节点个数。节点 n 的邻居节点集合 NBr_n 的定义如下:

$$NBr_n = \{m \mid D(n,m) \leqslant R_n \ \&\& \ D(n,m) \leqslant R_m, m \in G\} \tag{4-1}$$

其中,$D(n,m)$ 为节点 n 到节点 m 的距离;R_n 为节点 n 的通信范围;R_m 为节点 m 的通信范围。

2. 备选簇头节点的产生与信息广播阶段

节点随机地产生一个 $0 \sim 1$ 间的随机数 μ,如果 μ 小于阈值,则该节点成为备选簇头节点。备选簇头节点需要计算自己的竞争半径。非均匀分簇的竞争半径综合考虑了节点与基站的距离、邻居节点数以及节点的剩余能量等。当节点到基站的距离越大、相邻节点的数量越小、剩余能量越大时,节点竞争半径越大,簇的面积越大,否则簇的面积越小。非均匀分簇节点竞争半径的计算方式如下:

$$\mathrm{ACH}_i\_R_c = \left(1 - \mu_1 \times \frac{D_{\max} - D(n_i, \mathrm{BS})}{D_{\max} - D_{\min}}\right)\left(1 - \mu_2 \times \frac{1}{|\mathrm{NBr}_{n_i}|}\right)\left(1 - \mu_3 \times \frac{E_{n_{i\_\mathrm{init}}} - E_{n_i}}{E_{n_{i\_\mathrm{init}}}}\right) \times R_c^0$$

$$(4\text{-}2)$$

其中,$D_{\max}$ 为节点到 BS 的最大距离;$D_{\min}$ 为节点到 BS 的最小距离;$D(n_i, \mathrm{BS})$ 为节点 n_i 到 BS 的距离;$|\mathrm{NBr}_{n_i}|$ 为节点 n_i 的邻居节点个数;$E_{n_{i\_\mathrm{init}}}$ 为节点 n_i 的初始能量;E_{n_i} 为节点 n_i 的当前能量;R_c^0 为节点的初始最大竞争半径;μ_1、μ_2 和 μ_3 是需要根据具体应用背景或实验环境进行调整的参数,用于决定距离因素、相邻节数因素和剩余能量因素对节点竞争半径的贡献量,可以通过联合计算得到最优值。

确定最终的备选簇头节点后,ACH 节点广播竞争信息,包括节点 ID、剩余能量和节点竞争半径等信息。

3. 簇头节点的确定与信息广播阶段

在 CH 节点的确定与信息广播阶段需要在一个竞争通信范围内只保留一个 ACH 成为最终的 CH 节点。在选择最终的 CH 节点时要综合考虑该 ACH 的能量因素和竞争半径的大小,在相同的竞争半径通信范围内尽量选择剩余能量多且竞争半径大的备选 CH 节点作为最终的 CH 节点。CH 的选择公式如下:

$$\mathrm{CH} = \max\{\mathrm{ACH} \mid \alpha \times E_{\mathrm{CCH}_i} + \beta \times \mathrm{ACH}_i\_R_c, \mathrm{ACH}_i \in G\} \qquad (4\text{-}3)$$

其中,α 和 β 是可调整的参数,$\alpha + \beta = 1$。

最终的 CH 节点将广播自己的节点信息和竞争半径信息,当其他节点收到多个 CH 节点的广播信息时,选择 RSSI 值最大的 CH 作为自己的 CH 节点。

4. 簇头节点动态轮换阶段

为了减少选择 CH 节点的能量消耗,当前的 CH 要提前选择下一周期的候选簇头(Candidate Cluster Head,CCH)节点。一般来说,CH 需选择剩余能量最大且大于能量阈值($T_{\mathrm{CH\_E}}$)的节点作为 CCH。如果簇内节点的能量值都小于 $T_{\mathrm{CH\_E}}$,那么 CH 向 BS 发送重新分簇请求。CCH 的定义如下:

$$\mathrm{CCH} = \max\{\mathrm{CM}_i \mid E_{\mathrm{CM}_i}, \mathrm{CM}_i \in N \ \&\& \ E_{\mathrm{CM}_i} > T_{\mathrm{CH\_E}}\} \qquad (4\text{-}4)$$

在物联网运行过程中,节点的失效和新节点的加入将导致簇成员节点数量和网络拓扑的动态变化。当 CH 连续 T_invalidNum 次未接收 CM 的数据时,则判定 CM 节点失效。只有当 CM 的数目不在阈值范围时,CH 才会通知 BS 重新分簇,从而适应动态拓扑结构。可根据实际应用或实验环境来定义簇成员数目的最大阈值($\mathrm{CMT}_{\max}$)和最小阈值($\mathrm{CMT}_{\min}$),如下:

$$\mathrm{CMT_{max}=N\_CM_{init}}+M \tag{4-5}$$

$$\mathrm{CMT_{min}=N\_CM_{init}}-M \tag{4-6}$$

其中，$\mathrm{N\_CM_{init}}$ 为分簇后的初始簇成员数；M 为根据实际应用或实验环境确定的参数。

如果簇成员节点的数目（$\mathrm{N\_CM}$）超出阈值范围，即满足 $\mathrm{N\_CM<CMT_{min}}$ 或 $\mathrm{N\_CM>CMT_{max}}$ 时，CH 向 BS 发送重新分簇请求。BS 收到重新分簇请求后全网将进入重新分簇阶段，以达到均衡能量负载的目的。分簇后 BS 给各簇重新分配簇间资源，CH 给 CM 重新簇内时隙资源。否则 CH 向簇内广播 CCH 成为下一周期新的簇头节点，不需要重新分簇。该策略可以达到减少频繁分簇的能量开销、延长网络寿命的目的。

4.3　基于非均匀分簇的路由选择与分层机制

本节将基于 4.2 节的基于动态拓扑的非均匀分簇策略，介绍簇头路由选择与分层机制，综合考虑网络能耗和鲁棒性后，建立了基于多跳路由的约束准则来寻找最优的下一跳中继节点，并根据动态路由对簇头节点进行分层。下面分别介绍基于非均匀分簇的路由选择及簇头节点分层机制。

1. 基于非均匀分簇的路由选择

基站离数据采集区域较近时，第一层簇头节点（CHs of First Level，FL_CH）可直接与 BS 进行通信，其余簇头节点则需要通过路由选择寻找最优的下一跳中继节点，并以多跳的方式把数据传给 BS。第一层簇头节点集合的选择要考虑 BS 的距离和剩余能量，FL_CH 的定义如下：

$$\mathrm{FL\_CH}=\{\mathrm{CH}_i\,|\,E_{\mathrm{CH}_i}>T_{\mathrm{CH\_E}}\ \&\&\ D(\mathrm{CH}_i,\mathrm{BS})<\mathrm{Th\_D}\} \tag{4-7}$$

其中，E_{CH_i} 为簇头节点 CH_i 的当前能量；$T_{\mathrm{CH\_E}}$ 为簇头节点能量的阈值；$D(\mathrm{CH}_i,\mathrm{BS})$ 为簇头节点 CH_i 到 BS 的距离；$\mathrm{Th\_D}$ 为 FL_CH 离 BS 的距离阈值。

根据物联网的动态非均匀分簇拓扑结构，可以动态调整 FL_CH。当 FL_CH 中的簇头节点的能量降低到能量阈值 $T_{\mathrm{CH\_E}}$ 时，可以从 FL_CH 中去除，必要时可以补充 FL_CH。

除了 FL_CH 中的簇头节点，其余簇头节点都需要从其邻居簇头节点中寻找最优的中继节点。在簇间通信中，簇头节点 CH_i 的邻居簇头节点集（$\mathrm{NBr_{CH_n}}$）的定义如下：

$$\mathrm{NBr_{CH_n}}=\{\mathrm{CH}_m\,|\,D(\mathrm{CH}_n,\mathrm{CH}_m)\leqslant R_{\mathrm{CH}_n}\quad \text{且}\quad D(\mathrm{CH}_n,\mathrm{CH}_m)\leqslant R_{\mathrm{CH}_m}\} \tag{4-8}$$

其中，$D(\mathrm{CH}_n,\mathrm{CH}_m)$ 为 CH_n 到 CH_m 的距离；R_{CH_n} 为 CH_n 的通信范围；R_{CH_m} 为 CH_m 的通信范围。

$\mathrm{Cost}(\mathrm{CH}_i,\mathrm{CH}_j)$ 是衡量 CH_j 成为 CH_i 的下一跳中继节点的代价函数。$\mathrm{Cost}(\mathrm{CH}_i,\mathrm{CH}_j)$ 综合考虑了簇头节点 CH_j 是否在本周期中已担任其他节点的中继节点、CH_j 的剩余能量、CH_j 的簇成员数、CH_j 到基站的距离以及 CH_i 到 CH_j 的距离等因素。$\mathrm{Cost}(\mathrm{CH}_i,\mathrm{CH}_j)$ 的定义如下：

$$\text{Cost}(\text{CH}_i,\text{CH}_j)=\omega_1\times\text{IsR}_{\text{CH}_j}+\omega_2\times\frac{E_{\text{CH}_i}}{E_{\text{CH}_j}}+$$

$$\omega_3\times\frac{\text{CM\_Num}_{\text{CH}_j}}{\text{CM\_Num}_{\text{CH}_i}+1}+\omega_4\times\frac{D(\text{CH}_i,\text{CH}_j)+D(\text{CH}_j,\text{BS})}{D(\text{CH}_i,\text{BS})}\quad(4\text{-}9)$$

① 当 $\text{CH}_i\notin\text{FL\_CH}$ 且 $\text{CH}_j\in\text{NBr}_{\text{CH}_i}$ 时,计算 $\text{Cost}(\text{CH}_i,\text{CH}_j)$。

② 当 $\text{CH}_i\in\text{FL\_CH}$ 时,不用计算 $\text{Cost}(\text{CH}_i,\text{CH}_j)$ 的值,令 $\text{Cost}(\text{CH}_i,\text{CH}_j)=-1$,设置 CH_i 的中继节点为 BS。

式(4-9)中,$\text{IsR}_{\text{CH}_j}\in\{0,1\}$,1 表示 CH_j 已成为本轮某簇头的中继节点,0 表示 CH_j 未担任其他簇头的中继节点。参数 $\omega_1+\omega_2+\omega_3+\omega_4=1$,可根据实际环境进行调整。$\text{CH}_i$ 是通过代价函数 $\text{Cost}(\text{CH}_i,\text{CH}_j)$ 找到代价函数值最小的邻居节点作为其中继节点 (RN_CH_i)。当 CH_i 的邻居簇头节点的剩余能量越高、簇的成员数越少、到基站距离越近、到本簇头节点的距离越近时,就越有可能成为 CH_i 的中继节点。RN_CH_i 的定义如下:

$$\text{RN\_CH}_i=\min\{\text{CH}_j\,|\,\text{Cost}(\text{CH}_i,\text{CH}_j),\text{CH}_j\in\text{NBr}_{\text{CH}_i}\}\quad(4\text{-}10)$$

如果某些 CH_i 在自己的邻居节点范围内未找到合适的中继节点 RN_CH_i,那么可以根据式(4-10)从第一层簇头节点中找到下一跳中继节点。如果某一周期中继节点失效时,CH 则与候选中继节点 (CRN_CH_i) 进行通信,以保证物联网的鲁棒性。CRN_CH_i 的定义如下:

$$\text{CRN\_CH}_i=\min\{\text{CH}_j\,|\,\text{Cost}(\text{CH}_i,\text{CH}_j),\text{CH}_j\in\text{NBr}_{\text{CH}_i},\text{CH}_j\cap\text{RN\_CH}_i=\varnothing\}$$

$$(4\text{-}11)$$

2. 簇头节点分层机制

在非均匀分簇和多跳路由的基础上,簇头节点 CH_i 的层次 (LCH_i) 为传输链上从 CH_i 到 BS 的跳数,其定义如下:

$$\text{LCH}_i=\text{CH}_i\_\text{hop}$$

s. t.

C1:$\forall\,\text{CH}_i\in\text{FL\_CH},\text{LCH}_i=L_1$

C2:$\forall\,\text{CH}_n\in\text{CH}_{L_x},\text{CH}_m\in\text{CH}_{L_y}$,如果 $\text{CH}_n\_\text{hop}<\text{CH}_m\_\text{hop}$,则 $L_x<L_y$

C3:$\text{CH}_{L_1}\cap\text{CH}_{L_2}\cap\cdots\cap\text{CH}_{L_{\max}}=\varnothing$

C4:$\displaystyle\sum_{L_i=0}^{L\max}\text{N\_CH}_{L_i}=K$　　　　　　　　　　　　　　(4-12)

其中,LCH_i 为簇头 CH_i 的层次;CH_i_hop 为 CH_i 到 BS 的跳数;CH_{L_i} 为 L_i 层的簇头节点的集合;$L_{\max}$ 为网络中的最大层数;K 为整个网络中的簇头节点个数;N_CH_{L_i} 为 L_i 层中的簇头节点个数。

约束条件 C1 表示第一层中簇头节点的层次为 L_1;约束条件 C2 表示到 BS 的跳数越

小,簇头节点的层次越小;约束条件 C3 表示一个簇头节点不能同时属于不同的层次;约束条件 C4 表示所有簇头节点都被分配了层次。

BS 根据路由选择信息对簇头节点进行分层。根据后续簇间通信的资源调度的需要,BS 要向全网广播簇头节点层次信息、每一层的簇头节点个数($N\_CH_{L_i}$)和每个传输链上的簇头节点个数($N\_CH_{i_{TC}}$)等信息。

4.4 基于非均匀分簇的信道和时隙联合调度方案

非均匀分簇的能量均衡策略可以减轻多跳物联网中的"能量空洞"问题。而在数据传输中,资源调度需要综合考虑对不同大小簇的综合资源分配问题。基于上述动态网络拓扑的非均匀分簇策略、路由选择与簇头分层机制,本节将进一步介绍基于非均匀分簇的源调度方案。基于非均匀分簇的时隙和信道联合资源调度包括簇内通信的资源调度和簇间通信的资源调度[190]。相邻的簇根据图染色算法被分配不同的信道。簇内通信的资源调度中,簇头节点给簇内成员分配 TDMA 时隙,还考虑了因簇成员节点失效而引起的拓扑动态变化,并及时回收失效节点的时隙资源;簇间通信的资源调度中,在路由选择和簇头节点分层的基础上,尽量让簇间数据并行传输。由于分簇的不均匀性,离基站越近的节点被分配到的簇间时隙越多,簇内时隙越少。通过合理分配簇内和簇间的信道和时隙资源,可以降低节点状态转换和信道切换的能耗,减少网络总时隙,提高网络吞吐量。

在基于非均匀分簇的资源调度方案中,指定一个信道用于全网广播,并假设第一层簇的数量和一跳范围内的相邻簇数量不超过可用信道的数量。在网络初始化或重新分簇后,基于图染色法分配信道[136],首先给第一层簇头节点分配不同的信道,接着给一跳范围内的所有簇头节点分配不同的信道。簇内通信时,簇内成员节点和 CH 使用同一个信道;簇间通信时,CH 使用调频技术切换到中继节点的信道后传输数据。下面将分别介绍RSUC 簇内通信的资源调度和簇间通信的资源调度。

4.4.1 RSUC 簇内通信的资源调度

RSUC 簇内通信的时隙调度基于信道分配。基站给每个相邻的簇分配不同的信道,簇成员数据采集节点 CM 使用本簇的信道与 CH 一跳通信。簇头节点负责给簇内的数据采集设备分配 TDMA 时隙以及对时隙进行动态调整。簇内时隙分配中考虑了动态适应簇成员节点失效而引起的拓扑变化,并及时回收失效节点的时隙资源。簇内通信中,簇头节点和数据采集节点的数据传输时隙结构如图 4-3 所示。CH 的时隙包括簇内广播时隙、簇内通信时隙、数据处理时隙、休眠时隙、簇间通信时隙和监听时隙。CH 在簇内广播时隙向簇成员节点广播簇内时间同步信息、下一个周期 CCH 信息和 TDMA 时隙调度表等。簇内时间同步信息又包括簇头节点 ID、时间信息和下次广播时间等。数据采集节点的时隙包括接收广播时隙、发送采集数据时隙和休眠时隙等。数据采集节点收到 CH 广播的时隙分配表后,在自己的时隙中通过本簇的信道给 CH 发送采集的数据。数据采集节点发送完数据后进入数据感知和采集阶段。为了节省能量,节点完成数据采集后进入休眠状态,直到被再次唤醒。

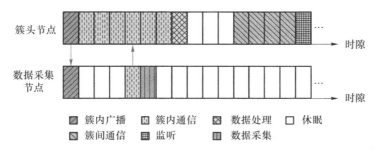

图 4-3 RSUC 簇内数据传输时隙结构

当簇头节点发现簇中有数据采集节点失效,但簇内成员节点数没有小于簇成员数阈值 T_{CM_Num} 时,CH 就要对失效的节点进行资源回收,并局部调整时隙调度表。失效的节点由 CH 内部处理,不通知 BS,以减少部分节点的失效对整体网络的影响。只有当簇成员节点数低于阈值时,CH 才会通知 BS 让其重新分簇,并重新生成新的时隙调度表。RSUC 簇内通信的资源调度流程如图 4-4 所示。

RSUC 簇内通信的信道和时隙分配的具体步骤如下。

S_1:根据基于动态拓扑的非均匀分簇策略(4.2 节)形成非均匀簇。

S_2:基站使用图染色算法对第一层簇头节点和一跳范围内的簇分配不同的信道。

S_3:如果周期数 Round=1,那么 CH 按簇成员数据采集节点的 ID 进行排序,然后给每个簇成员节点分配一个时隙,生成第一周期的 TDMA 时隙调度表。CH 的簇内通信时隙数 $TS_{CH\text{-}intra}$ 的定义如下:

$$TS_{CH\text{-}intra} = \sum_{i=1}^{N\_CM} ND\_CM_i \times T_{unit} \tag{4-13}$$

其中,ND_CM_i 为簇成员数据采集节点 CM_i 的数据包数量;N_CM 为簇成员数据采集节点个数;T_{unit} 为发送数据的单位时隙。

簇成员数据采集节点 CM_i 的数据传输时隙 TS_{CM_i} 的定义如下:

$$TS_{CM_i} = ND\_CM_i \times T_{unit} \tag{4-14}$$

S_4:在簇成员数据采集节点被分配的时隙中,将采集的数据及其剩余能量信息等发给 CH。CH 在簇内通信时隙接收数据采集节点的数据,并对其进行数据融合处理。如果 CH 连续 T_invalidNum 次未收到数据采集节点的数据,则该节点被判定为失效,簇成员数减少 1,即 N_CM＝N_CM－1。如果本周期未结束,则循环进行簇内通信步骤 S₄。否则跳到步骤 S₅。

S₅:Round＝Round＋1,候选簇头 CCH 成为簇内新的 CH。

S₆:当簇中没有节点失效时,簇头节点动态轮换,复用上一周期的时隙调度表,上一周期的 CH 成为数据采集节点,节点的调度顺序不变,但时隙开始时间和结束时间要加上相应的时间差。当簇中有节点失效时,则跳到步骤 S₇。

S₇:当簇中有节点失效,但簇内成员节点数没有达到阈值 T_{CM_Num} 时,CH 要对失效的节点进行资源回收,并局部调整 TDMA 时隙调度表,失效节点后面的节点时隙要依次减去相应的时隙。

S₈:当簇成员节点数减少到阈值 T_{CM_Num} 时,CH 向 BS 发送重新分簇请求,等重新分簇后生成新的资源调度表。

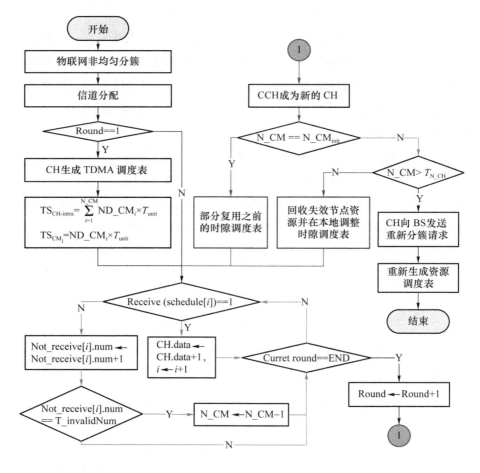

图 4-4　RSUC 簇内通信资源调度流程

4.4.2　RSUC 簇间通信的资源调度

根据上述非均匀分簇和路由分层可知,离基站越近,则簇面积越小,簇的数量越多,簇头节点的簇间数据转发任务越重。不同层的簇被分配的簇间通信时隙不一样,远离基站的簇头节点被分配到的簇间通信时隙少于靠近基站的簇头节点被分配到的簇间通信时隙。由于簇间数据的差异性较大,簇头节点对簇间通信的数据不进行数据融合。根据上述路由选择机制(4.3 节),要尽量确保在每周期内一个 CH 只作为一个簇头节点的中继节点,以避免簇头节点和其中继节点间的主要冲突。在物联网数据采集传输中,簇间通信距离一般要比簇内通信距离远,所以在进入簇间通信前,簇头节点要适当调整传输功率。

RSUC 簇间通信中 L_i 层和 L_{i+1} 层的簇头节点的数据传输时隙结构如图 4-5 所示。在簇间通信时,簇头节点有两种不同的状态,即发送状态和接收状态。簇头节点同一时刻只能处于一种状态。除了数据传输的能耗外,节点状态的转换和信道的切换也会产生部分能耗。为了节省节点状态和信道转换的能量消耗,在 RSUC 簇间通信的资源调度中,除了第一个时隙给节点分配一个时隙外,其余时隙将每次分配两个连续的时隙。与 PIP 算法相比,接收状态和发送状态的转换次数和信道切换次数大约减少 45%。在 RSUC 资源调度中,离基站越远的簇头节点就越早结束簇间通信,并在监听一段时间后进入簇内通信,而不是等所有簇头节点完成簇间通信后才进入簇内通信,这样可以有效减少网络总时隙,提高网络吞吐量。

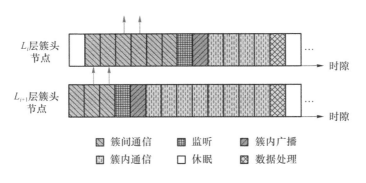

图 4-5　RSUC 簇间数据传输时隙结构

RSUC 簇间通信的资源调度中,时隙分配在信道分配的基础上进行,簇头节点需要使用调频技术提前切换到中继节点的信道后才能与其进行数据通信。基于上述簇头分层机制,在 RSUC 簇间通信中,奇数层和偶数层的簇头节点使用不同的发送时隙和接收时隙。离基站越近,簇头节点的簇间通信时隙越多,簇内通信时隙越少。通过信道和时隙联合资源调度,在无传输干扰的情况下,尽量让多个簇头节点并行簇间通信,以提高网络吞吐量。

RSUC 簇间通信的资源调度流程如图 4-6 所示。

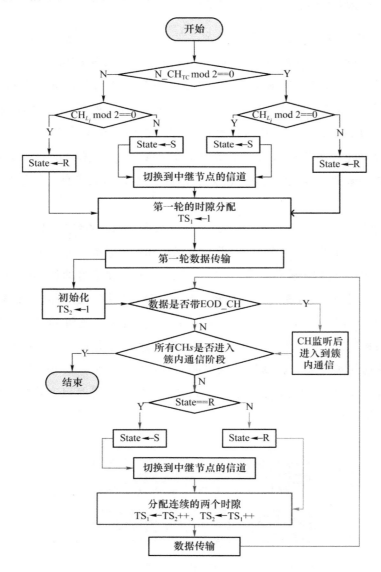

图 4-6　RSUC 簇间通信资源调度流程

RSUC 簇间通信的资源调度中，具体的信道切换和时隙分配步骤如下。

S_1：首先确定簇头节点的状态。基于非均匀分簇的路由选择与分层机制（4.3 节），当传输链上的簇头节点数 $N\_CH_{i_{TC}}$ 为奇数时，令奇数层的簇头节点处于发送状态 S，偶数层的簇头节点处于接收状态 R；当传输链上的簇头节点数 $N\_CH_{i_{TC}}$ 为偶数时，令偶数层的簇头节点处于发送状态 S，奇数层的簇头节点处于接收状态 R。

S_2：根据路由选择和调频技术，处于 S 状态的所有簇头节点 CH_i 都要切换到自己相应的下一跳中继节点 RN_CH$_i$ 的信道上。

S$_3$：在簇间通信的第一次数据传输中，处于 S 状态的每一个 CH 被分配一个发送时隙，同时处于 R 状态的每一个 CH 被分配一个接收时隙，即时隙为 TS$_1$＝1。

S$_4$：处于 S 状态的簇头节点将数据发送到相应的中继节点（处于 R 状态）。如果 CH$_i$ 是传输链的链尾节点，那么在传输自己的数据时，需携带节点本周期数据传输完毕信息（End of Data in CH$_i$，EOD_CH$_i$）。发送 EOD_CH$_i$ 的簇头节点后，在监听后如果未收到任何数据信息，则直接进入簇内通信阶段。

S$_5$：第一周期数据传输结束后，初始化时隙 TS$_2$＝1。在所有被分配的时隙中间，可以设置保护时隙（可选）。

S$_6$：除了未发送 EOD_CH$_i$ 的簇头节点外，其他所有簇头节点需改变自己的状态，即处于 S 状态的簇头节点状态改为 R 状态，处于 R 状态的簇头节点状态改为 S 状态。

S$_7$：每个处于 S 状态的簇头节点被分配两个连续的发送时隙，每个处于 R 状态的簇头节点被分配两个连续的接收时隙，分别是 TS$_1$＝TS$_2$++ 和 TS$_2$＝TS$_1$++。例如，第二周期时，TS$_1$＝2，TS$_2$＝3；第三周期时，TS$_1$＝4，TS$_2$＝5；第四周期时，TS$_1$＝6，TS$_2$＝7；……

S$_8$：如果簇头节点 CH$_j$ 收到 EOD_CH$_i$ 标识的数据，且自己的数据和此数据要同时发给中继节点，或自己的数据已完成发送，本次只需转发此收到的数据，则数据需携带 EOD_CH$_i$，并在数据发送后进入监听时隙。在监听时隙中如果未收到任何数据信息，则进入簇内通信阶段。

S$_9$：当还有未进入簇内通信的簇头节点时，循环步骤 S$_6$～S$_8$，直到所有簇头节点都进入簇内通信阶段时，簇间通信的资源调度结束。

当某个 CH$_i$ 发现 RN_CH$_i$ 失效时，CH$_i$ 会照常接收数据并把数据都缓存起来，CH$_i$ 的下行节点和 RN_CH$_i$ 的上行节点将照常发送和接收数据。CH$_i$ 等到 CRN_CH$_i$ 的监听时隙后，把缓存里的数据使用连续时隙发送给 CRN_CH$_i$。CRN_CH$_i$ 在自己的中继节点的监听时隙里把数据使用连续时隙发送给其中继节点，直到数据转发到 BS。

基于图 4-2 的 RSUC 非均匀分簇网络拓扑，RSUC 簇间通信资源调度中的信道和时隙的联合分配如图 4-7 所示。在本示例中总共使用了 6 个信道和 5 个时隙，并把单周期内的所有数据发送到 BS。其中，C_i 表示 CH 使用信道 i，TS$_i$ 表示簇头节点被分配的簇间通信时隙。一般下层的簇头节点会比上层的簇头节点更早完成簇间通信，除非上层的簇头节点只传输自己的数据，不充当中继节点。由于簇间拓扑结构的不均匀性，靠近 BS 的 CH 簇间通信时隙多于远离 BS 的 CH 簇间通信时隙。RSUC 簇间通信的资源调度尽量在非均匀分簇的基础上使每个时隙上的数据并行传输最大化。

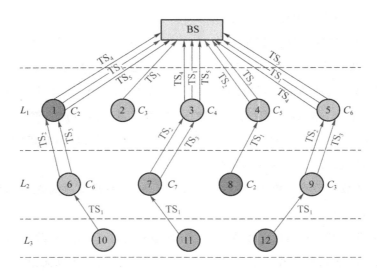

图 4-7 RSUC 簇间通信资源调度中信道和时隙联合分配示例

基于图 4-2 的 RSUC 非均匀分簇网络拓扑,图 4-8 给出了 RSUC 中用于簇间通信的信道和时隙联合分配结果。$Slot_i$ 表示簇头节点的时隙,S 表示 CH 处于发送状态,R 表示 CH 处于接收状态,BS 支持多信道接收数据。在每个时隙中,发送状态的总和等于接收状态的总和。E 表示 CH 在时隙 i 传输带有 EOD_CH 的数据,表明簇间通信结束。不同的颜色代表不同的信道,图 4-8 显示了在簇间通信中每个簇头节点对应的时隙和信道以及其层次和对应的状态。

节点	时隙1	时隙2	时隙3	时隙4	时隙5	
BS	4R	R	R	3R	3R	Channel$_2$
1(L$_1$)	S(C$_2$)	R(C$_2$)	R(C$_2$)	S(C$_2$)	S(C$_2$)	Channel$_3$
2(L$_1$)	S(C$_3$)	E				Channel$_4$
3(L$_1$)	S(C$_4$)	R(C$_4$)	R(C$_4$)	S(C$_4$)	S(C$_4$)	Channel$_5$
4(L$_1$)	R(C$_5$)	S(C$_5$)	S(C$_5$)	E		Channel$_6$
5(L$_1$)	S(C$_6$)	R(C$_6$)	R(C$_6$)	S(C$_6$)	S(C$_6$)	Channel$_7$
6(L$_2$)	R(C$_6$)	S(C$_2$)	S(C$_2$)	E		
7(L$_2$)	R(C$_7$)	S(C$_4$)	S(C$_4$)	E		Level$_1$ 上层
8(L$_2$)	S(C$_5$)	E				Level$_2$
9(L$_2$)	R(C$_3$)	S(C$_6$)	S(C$_6$)	E		Level$_3$ 下层
10(L$_3$)	S(C$_6$)	E				S: 发送状态
11(L$_3$)	S(C$_7$)	E				R: 接收状态
12(L$_3$)	S(C$_3$)	E				E: 数据结束标记

图 4-8 RSUC 簇间通信中信道和时隙联合分配结果

RSUC 整体操作过程如图 4-9 所示。

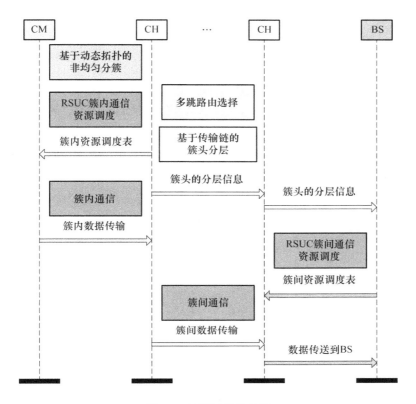

图 4-9　RSUC 操作过程

4.5　理论分析

定理 4-1　RSUC 中不存在主要冲突和次要冲突。

证明: RSUC 分为簇内通信的资源调度和簇间通信的资源调度,通信干扰分析如下。

① 在簇内通信的资源调度中,簇成员节点使用本簇的信道与 CH 一跳通信,且相邻的簇被分配不同的信道,因此无次要冲突。簇内通信基于 TDMA 时隙调度,簇成员节点在自己的时隙与簇头节点通信,因此无主要冲突。

② 在簇间通信的资源调度中,一跳内的所有簇头节点使用不同的信道。当簇间通信时,CH 切换到自己中继节点的信道与其通信,从而消除次要冲突。奇数层和偶数层的簇头节点使用不同的发送时隙和接收时隙,且簇头节点只能同时与一个中继节点通信,因此簇间通信中无主要冲突。

综上,RSUC 中的数据链路上不存在主要冲突和次要冲突。

定理 4-2　在 RSUC 中,当没有失效的簇头节点时,对于某传输链中的任意簇头节点 CH_i,都能在 TS_CH_i 时隙内完成簇间通信。TS_CH_i 如式(4-15)所示。

$$TS\_CH_i = 2 \times (N\_CH_{i_{TC}} - LCH_i) + 1 \qquad (4\text{-}15)$$

其中，$N\_CH_{i_{TC}}$ 为 CH_i 所在的传输链中的簇头节点个数；LCH_i 为 CH_i 的层次。

证明： 假设 CH_M 是传输链的最底层的簇头节点，CH_M 将其自身的数据传输到中继节点 RN_CH_M，使用的簇间时隙为 1，即 $TS\_CH_M=1$。

当 $CH_i=CH_{M-1}$（从底层倒数第二层），则 CH_i 在时隙 1 接收 CH_M 的数据，在时隙 2 和时隙 3 向其中继节点 RN_CH_{M-1} 发送自己的数据和 CH_M 的数据，本轮簇间通信结束。因此，所用的簇间总时隙为 3，即 $TS\_CH_{M-1}=3$。

当 $CH_i=CH_{M-2}$，则 CH_i 在时隙 1 发送自己的数据，在时隙 2 和时隙 3 接收 CH_{M-1} 发送的数据，在时隙 4 和时隙 5，CH_{M-1} 的数据发送到其中继节点 RN_CH_{M-2}，本轮簇间通信结束。因此，所用的簇间总时隙为 5，即 $TS\_CH_{M-2}=5$。以此类推，可以得到

$$如果 CH_i=CH_M，则 TS\_CH_i=1$$
$$如果 CH_i=CH_{M-1}，则 TS\_CH_i=3$$
$$如果 CH_i=CH_{M-2}，则 TS\_CH_i=5$$
$$如果 CH_i=CH_{M-3}，则 TS\_CH_i=7$$
$$如果 CH_i=CH_{M-4}，则 TS\_CH_i=9$$
$$如果 CH_i=CH_{M-5}，则 TS\_CH_i=11$$
$$\cdots$$

对其归纳总结可得到下式：

$$TS\_CH_i=TS\_CH_{i+1}+2 \tag{4-16}$$

因为 CH_i 和 CH_{i+1} 在同一个传输链中，所以可明显得到

$$LCH_i=LCH_{i+1}-1 \tag{4-17}$$

如果 CH_i 是传输链最底层的簇头节点，则传输链中的簇头节点个数等于该传输链最底层的层数，即 $LCH_i=N\_CH_{i_{TC}}$。把该式带入式（4-15）中，可以得到

$$TS\_CH_i=2\times(N\_CH_{i_{TC}}-LCH_i)+1$$
$$=2\times0+1=1 \tag{4-18}$$

因此，当 CH_i 位于最底层时，式（4-15）成立。

假设对于传输链中的任何 CH_i，$TS\_CH_i=2\times(N\_CH_{i_{TC}}-LCH_i)+1$ 是成立的。根据式（4-16）和式（4-17），可得到 TS_CH_{i+1} 如下：

$$TS\_CH_{i+1}=TS\_CH_i-2$$
$$=(2\times(N\_CH_{i_{TC}}-LCH_i)+1)-2$$
$$=(2\times(N\_CH_{i_{TC}}-(LCH_{i+1}-1))+1)-2$$
$$=2\times(N\_CH_{i_{TC}}-LCH_{i+1})+1 \tag{4-19}$$

CH_i 和 CH_{i+1} 属于同一个传输链，因此传输链中的簇头节点个数相等。即 $N\_CH_{i_{TC}}=N\_CH_{(i+1)_{TC}}$。所以得到式（4-20）。

$$TS\_CH_{i+1}=2\times(N\_CH_{(i+1)_{TC}}-LCH_{i+1})+1 \tag{4-20}$$

通过归纳法可以得到 RSUC 中对于某传输链中的任意簇头节点 CH_i，当没有发生失效的簇头节点时，可以在 $TS\_CH_i = 2 \times (N\_CH_{i_{TC}} - LCH_i) + 1$ 个时隙内完成簇间通信。

定理 4-3　在 RSUC 中，当没有失效的簇头节点时，将在 TTS 个簇间时隙内完成向 BS 发送单周期内的全部采集的数据。TTS 的计算如式（4-21）所示。

$$TTS = 2 \times L_{max} - 1 \qquad (4-21)$$

其中，L_{max} 为最长传输链的层数。

证明： 在 RSUC 中，所有数据都将通过第一层的簇头节点转发到基站，所以传输总时隙由最长传输链中第一层的 CH 使用的总时隙直接确定。把 $N\_CH_{i_{TC}} = L_{max}$ 和 $LCH_i = 1$ 代入式（4-15）可得到：

$$
\begin{aligned}
TTS &= 2 \times (N\_CH_{i_{TC}} - LCH_i) + 1 \\
&= 2 \times (L_{max} - 1) + 1 \\
&= 2 \times L_{max} - 1
\end{aligned}
\qquad (4-22)
$$

所以在 RSUC 中，当没有失效的簇头节点时，将在 $(2 \times L_{max} - 1)$ 个簇间通信时隙内向 BS 发送完单周期内的全部数据。

通过定理 4-2 和定理 4-3 可知，在 RSUC 中，簇间通信的总时隙受簇头层次和路由传输链长度影响。

4.6　实验验证及分析

RSUC 基于非均匀分簇拓扑。在簇内通信中，簇头节点给簇内数据采集节点分配时隙，并在相应的时隙中接收簇成员节点的数据；在簇间通信中，基于路由选择和有效的资源调度，簇头节点把数据以多跳的方式传输到基站。本节用 MATLAB 对 RSUC 进行实验仿真，物联网由 50～300 个节点组成，基站在采集现场外侧。表 4-2 列出了 RSUC 的实验仿真参数。

表 4-2　RSUC 的实验仿真参数

实验参数	值
分布范围	200 m×200 m
节点数	50～300
分布方式	随机
初始能量	50 J
E_{elce}	50 nJ/bit
ε_{fs}	10 pJ/(bit · m²)
ε_{mp}	0.001 3 pJ/(bit · m⁴)

续 表

实验参数	值
E_{DA}	5 nJ/(bit·signal)
状态转换单位能耗	2 nJ
信道切换单位能耗	2 nJ
数据包最大长度	64 B
控制包	8 B
总信道数目	16
T_invalidNum	3
TM	round(N_CM$_{init}$/4)

图 4-10 显示了 $N_{init}=200$，$R_c^0=30$ 时非均匀分簇网络示例，其中 N_{init} 表示网络初始节点数，R_c^0 表示非均匀分簇的初始最大竞争半径。星型圆代表簇头节点，空心圆代表数据采集节点。非均匀分簇的竞争半径综合考虑了节点与基站的距离、邻居节点数和节点剩余能量等信息。当节点到基站的距离越远、相邻节点的数量越少、节点剩余能量越大时，簇的面积就越大，否则簇的面积就越小。

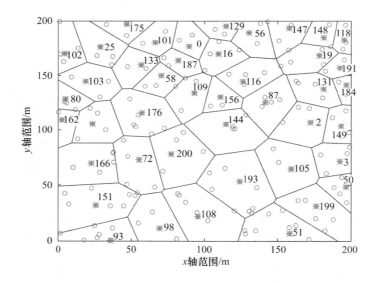

图 4-10　非均匀分簇网络示例（$N_{init}=200$，$R_c^0=30$）

图 4-11 显示了 $N_{init}=300$，$R_c^0=40$ 时非均匀分簇网络示例。与图 4-10 相比，N_{init} 和 R_c^0 的值不同。根据不同的应用需求和实验环境，可调整网络初始节点数和非均匀分簇的初始最大竞争半径，形成不同的非均匀分簇网络拓扑。

图 4-12 显示了基于非均匀分簇的多跳路由选择示例，其中 $N_{init}=300$，$R_c^0=40$。RSUC 的路由选择中，根据代价函数 $Cost(CH_i,CH_j)$（式 3-9），CH_i 的下一跳中继节点

CH_j 综合考虑了 CH_j 的剩余能量、CH_j 的簇成员数、CH_j 到 BS 的距离以及 CH_j 到 CH_i 的距离等因素。当 CH_j 节点的剩余能量越多,簇成员数越少,离 BS 和 CH_i 节点越近,且在本周期未充当中继节点时,就越有可能成为 CH_i 的中继节点。

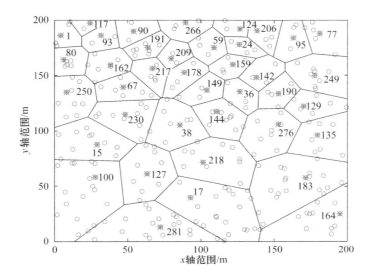

图 4-11　非均匀分簇网络示例($N_{init} = 300$,$R_c^0 = 40$)

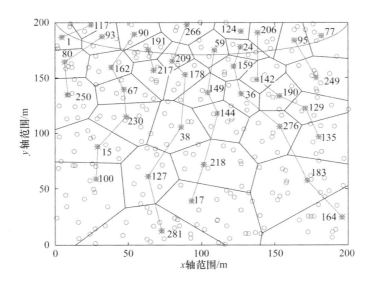

图 4-12　基于非均匀分簇的多跳路由选择示例

随着物联网的不断运行,部分节点会能量耗尽或发生一些故障。图 4-13 为 RSUC 中失效节点的分布,其中失效节点用实心圆表示。当基站和数据采集区域距离较近时,RSUC 可以很好地缓解基站附近节点因频繁转发数据而产生的"能量空洞"现象,平衡网络能耗负载,提高网络寿命。

43

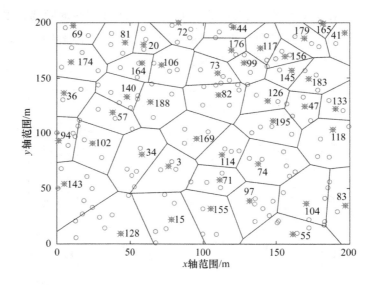

图 4-13 RSUC 失效节点的分布($N_{\text{init}}=200$,Round$=600$,BS 的位置$(100,250)$)

本章基于非均匀分簇的资源调度的前提为基站的位置是固定的。当基站离数据采集区域较远时,由于第一层簇头节点负责远距离与基站通信,能量消耗大,导致失效的第一层节点数增加,如图 4-14 所示。所以当基站较远时,需要专门的路由节点进行路由转发。

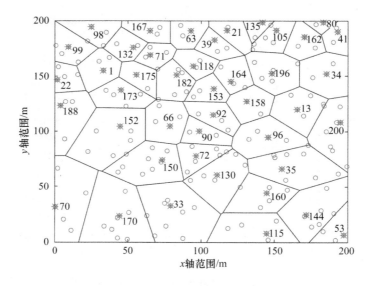

图 4-14 RSUC 失效节点的分布($N_{\text{init}}=200$,Round$=550$,BS 的位置$(100,400)$)

RSUC 基于非均匀分簇的路由选择和分层机制。基站根据路由选择信息对簇头节点进行分层,并向全网广播每一层的簇头个数($N\_CH_{L_i}$)和每个传输链上的簇头个数($N\_CH_{i_{TC}}$)。图 4-15 显示了不同层次中簇的平均数量。由于非均匀分簇拓扑,离基站越近,簇数越多,且随着簇层次的增加,簇数变少。从实验结果可以看出,不同层次的分簇数量与物联网节点的数量和非均匀分簇的初始最大竞争半径有关。当 R_c^0 的值固定时,分簇数量随着节点数的增加而增加;当 N_{init} 固定时,簇数随着最大竞争半径初始值的增大而减少。

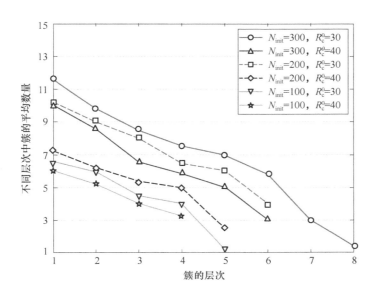

图 4-15 不同层次中簇的平均数量

在 RSUC 中,时隙的分配基于信道分配。RSUC 基于图染色的信道分配,第一层簇头节点和其余一跳范围内的簇头节点被分配到不同的信道,使用的信道总数取决于第一层簇头节点个数和一跳范围内邻居簇数的最大值。本次仿真实验中指定第一个信道用于全网广播。簇内通信时,簇内成员节点和簇头节点使用同一个信道进行数据通信;簇间通信时,簇头节点使用调频技术切换到中继节点的信道后于该信道上通信。图 4-16 显示了不同层次中使用的平均信道数。从实验结果可以看出,在 RSUC 中使用的平均信道数随着物联网节点数的增加而增加,随着非均匀分簇初始最大竞争半径 R_c^0 的增加而减少。

图 4-17 显示了单周期不同层次中簇内通信的平均时隙数。簇内通信中的时隙数与簇内成员数量相关。由于非均匀分簇拓扑,离基站越远,簇面积越大,簇内成员数越多,被分配到的簇内通信时隙就越多。所以随着簇层次的增加,簇内通信时隙将增加。在 RSUC 中,簇成员数没有超出阈值时,簇头节点对失效的节点进行资源的回收,并局部调整时隙调度表,复用上个周期的簇内通信 TDMA 时隙,从而减少部分节点的失效对整体网络的影响。

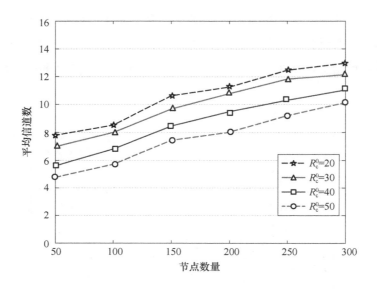

图 4-16　不同层次中使用的平均信道数

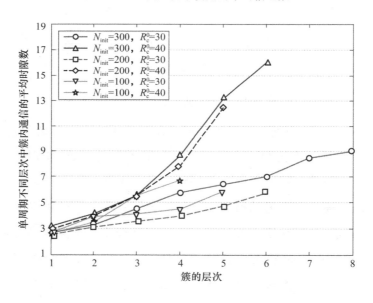

图 4-17　单周期不同层次中簇内通信的平均时隙数

图 4-18 显示了单周期不同层次中簇间通信的平均时隙数。随着簇层次数的增加,簇间通信时隙减少。在 RSUC 中,靠近基站的簇头节点比远离基站的簇头节点会被分配更多的簇间通信时隙。当 R_c^0 的值固定时,簇间通信的时隙数随着节点总数的增加而增加;当 N_{init} 固定时,簇间通信的时隙数随着 R_c^0 的增加而减少。

图 4-19 显示了 RSUC 中单周期簇间通信的平均最大时隙。簇间通信的最大时隙数与路由传输链的长度有关。随着节点数量的增加,路由传输链将相对变长,簇间通信的时

隙也将随之增加。当非均匀分簇初始最大竞争半径 R_c^0 增加时,簇的总数会相对减少,被分配的簇间通信的时隙也将随之减少。

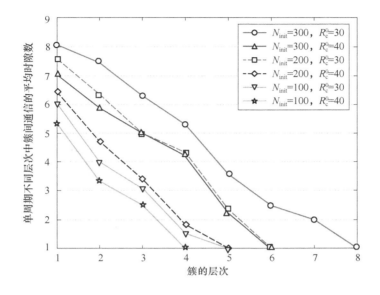

图 4-18 单周期不同层次中簇间通信的平均时隙数

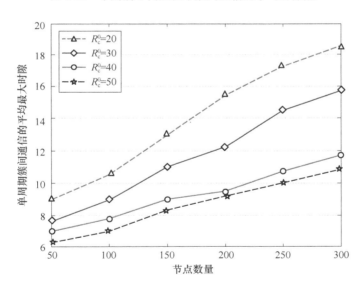

图 4-19 单周期簇间通信的平均最大时隙

图 4-20 显示了 RSUC 和 PIP 中单周期的节点状态转换次数。在 PIP 中,每个周期都要进行状态转换和信道转换,并分配一个时隙。在 RSUC 中,除了第一个周期,其余每个周期中都分配两个连续的时隙。与 PIP 相比,RSUC 的状态转换和通道切换的总数减少了约 45%。

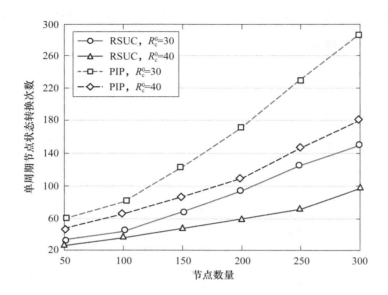

图 4-20 RSUC 和 PIP 中单周期节点状态转换次数

图 4-21 显示了单周期内簇间通信中状态转换和信道切换的能耗。在簇间通信中，由于降低了状态转换和信道切换次数，RSUC 在节能方面具有优势。与 PIP 相比，RSUC 由状态转换和信道切换产生的能耗降低约 41%，且随着非均匀分簇初始最大竞争半径 R_c^0 的减少，平均能耗会随之增加。

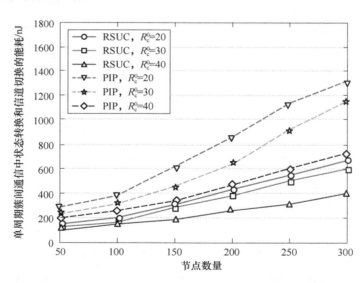

图 4-21 单周期簇间通信中状态转换和信道切换的能耗

在 RSUC 中，由于基于非均匀分簇，离基站越远的簇将越早结束簇间通信，进入簇内通信，而不是等所有簇头节点完成簇间通信后才统一进入簇内通信阶段。RSUC 通过有效利用时隙提高了网络吞吐量。如图 4-22 所示,与等待所有簇头节点完成簇间通信后同时进入簇内通信相比,基于非均匀分簇的资源调度方案的网络吞吐量增加了约 30%。

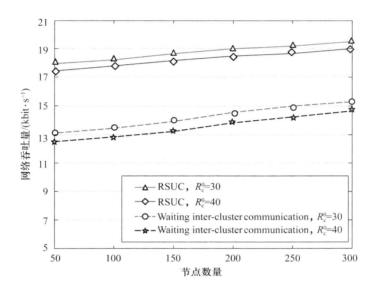

图 4-22 网络吞吐量

4.7 本 章 小 结

本章基于动态拓扑的非均匀分簇策略和路由选择与分层机制,介绍了基于非均匀分簇的物联网资源调度方案(RSUC)。资源调度包括簇内通信的资源调度和簇间通信的资源调度。在簇内通信的资源分配中,由于考虑了因簇成员节点失效而引起的拓扑动态变化,簇头节点将及时回收失效节点的资源。在簇间通信的资源分配中,则尽量让数据并行传输。在 RSUC 中,靠近基站的簇头节点被分配较少的簇内通信时隙和较多的簇间通信时隙,远离基站的簇头被分配较多的簇内通信时隙和较少的簇间通信时隙。仿真实验结果表明,RSUC 通过有效的资源调度,降低了网络能耗,提高了网络吞吐量。

第5章　基于数据变化率优先级的
非均匀分簇物联网资源调度方案

本书介绍的基于非均匀分簇的物联网资源调度方案(RSUC)可以有效减轻物联网多跳通信中基站附近节点的"能量空洞"问题。然而,在应急数据通信中网络时延是很重要的性能指标,RSUC中未考虑应急数据网络时延问题。现有的很多基于优先级的资源调度需要预先设定数据的优先级,但是在一些场景中,数据的优先级很难提前设置,且一般不能同时检测多种类型的应急数据。在RSUC的基础上,本章针对应急数据实时监测和网络时延优化问题,介绍一种基于数据变化率优先级的非均匀分簇物联网资源调度方案(Resource Scheduling of Unequal Clustering IoT based on Priority of Data change Rate,UCPDR)。UCPDR结构如图5-1所示,内容主要包括:①在非均匀分簇和路由选择的基础上,根据RSUC给常规数据的分配时隙和信道。②通过动态调整每类数据变化率的时间权重,使观测数据变化率和常规数据变化率之间的偏移量最小化,并利用凸优化理论,计算出反映物联网一段时间内运行状态的常规数据变化率。③基于观测数据变化率和常规数据变化率的差值来实时判断物联网数据的优先级,无需提前设定,且能同时检测多种类型的应急数据。④基于数据变化率优先级的非均匀分簇物联网的时隙和信道联合资源调度,以有效减少物联网应急数据网络时延。

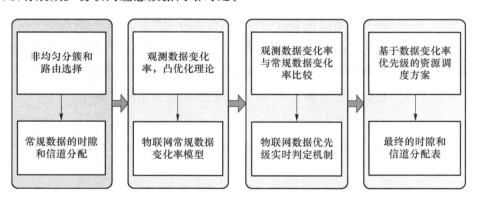

图 5-1　UCPDR 结构

5.1 UCPDR 的网络模型

在 UCPDR 中的物联网设备主要有:数据采集节点、簇头节点、基站和主控设备。各节点功能与第 3 章所述节点相比有一定区别,具体如下。

1. 数据采集节点

数据采集节点被部署在监测区域内感知和采集数据。设备是同质的,但可以是多功能传感器,可同时检测多种类型数据。数据采集节点将数据以一跳的方式发送给簇头节点,此外还要按照常规数据变化率和观测数据变化率的偏差来计算数据的优先级。

2. 簇头节点

UCPDR 基于非均匀分簇拓扑结构。簇头节点主要负责接收簇内数据采集节点的数据并对其进行融合转发到基站。簇头节点要在簇内广播信道和时隙资源调度表,还要结合簇内数据采集节点传送的数据,计算常规数据变化率。

3. 基站

基站主要负责生成簇头节点的资源调度表,收集簇头节点发送的数据信息,并在最后把数据传输到目标主控设备。基站支持多信道通信。

4. 主控设备

所有的数据最终被传到主控设备。主控设备对采集的数据进行管理及处理,并为用户提供实时信息和应急事件报警等。

表 5-1 给出了 UCPDR 使用的符号表示及说明。UCPDR 的网络拓扑如图 5-2 所示。

表 5-1　UCPDR 的符号表示及说明

符号	英文全称	说明
CH	Cluster Head	簇头节点
type_m	The mth Data Type of IoT	数据采集节点的第 m 个数据类型,如温度、湿度和震动值等,$m \in \{1, \cdots, M\}$,M 为总类型个数
n	The nth Node in IoT	物联网中的第 n 个节点。假设节点总数为 N,$n \in \{1, \cdots, N\}$
$D_n^{(t, \text{type}_m)}$	The Value of mth Data Type of nth Node at Moment t	在 t 时刻节点 n 的第 m 类数据,$n \in \{1, \cdots, N\}$,$m \in \{1, \cdots, M\}$
$D_n^{(t-1, \text{type}_m)}$	The Value of mth Data Type of nth Node at Moment $t-1$	在 $t-1$ 时刻节点 n 的第 m 类数据,$t-1$ 是 t 时刻的前一时刻
$\Delta\text{OD}_n^{(t, \text{type}_m)}$	The *Observed Data Change Rate* of mth Data Type of nth Node Between Time t and $t-1$	在 $t-1$ 到 t 时刻间,节点 n 的第 m 类数据的"观测数据变化率"

符号	英文全称	说明
$\Delta \mathrm{ND}_{t_i \sim t_j}^{(*,\,\mathrm{type}_m)}$	The *Normal Data Change Rate* of *m*th Data Type in the Period of Interval Time $t_i \sim t_j$	在时间段 $t_i \sim t_j$ 内，第 m 类数据的"常规数据变化率"，其中 t_i 和 t_j 不是相邻的时隙
$\Delta \mathrm{ND}_{t_i \sim t_j}^{*}$	A Set of $\Delta \mathrm{ND}_{t_i \sim t_j}^{(*,\,\mathrm{type}_m)}$	在时间段 $t_i \sim t_j$ 内，$\Delta \mathrm{ND}_{t_i \sim t_j}^{(*,\,\mathrm{type}_m)}$ 的集合 $\Delta \mathrm{ND}_{t_i \sim t_j}^{*} = \{ \Delta \mathrm{ND}_{t_i \sim t_j}^{(*,\,\mathrm{type}_m)} ; m=1,\cdots,M \}$
$\mathrm{TW}_t^{\mathrm{type}_m}$	The Time Weight at Time *t*	数据变化率在 t 时刻的时间权重
$\mathrm{TW}^{\mathrm{type}_m}$	The Set of $\mathrm{TW}_t^{\mathrm{type}_m}$ in the Period of $t_i \sim t_j$	在时间段 $t_i \sim t_j$ 内，$\mathrm{TW}_t^{\mathrm{type}_m}$ 的集合。$\mathrm{TW}^{\mathrm{type}_m} = \{ \mathrm{TW}_i^{\mathrm{type}_m}, \mathrm{TW}_{i+1}^{\mathrm{type}_m}, \cdots, \mathrm{TW}_j^{\mathrm{type}_m} \}$
$\mathrm{DV}_n^{(t,\,\mathrm{type}_m)}$	Difference Value Between *Observed Data Change Rate* and *Normal Data Change Rate* of Node *n* at Time *t*	在 t 时刻，节点 n 的"观测数据变化率"与"常规数据变化率"间的差值
$\overline{\mathrm{DV}_n^t}$	Average of Multiple Types of $\mathrm{DV}_n^{(t,\,\mathrm{type}_m)}$	多种类型 $\mathrm{DV}_n^{(t,\,\mathrm{type}_m)}$ 的平均值

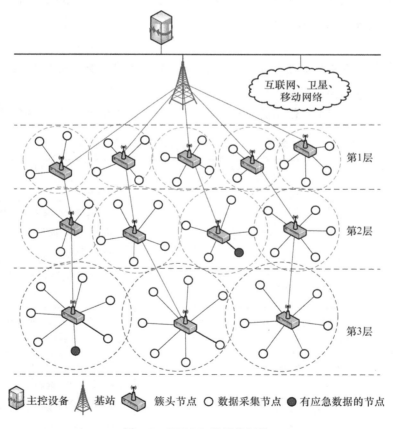

图 5-2　UCPDR 的网络拓扑

5.2　多维数据类型

基于上述 UCPDR 的网络模型,物联网进行数据采集与传输过程中,如果有应急或突发情况,如设备故障或火灾隐患等,会引起数据的非正常变化。当选择的数据类型越多,反映的物联网状态就越全面,此时便可以根据实际情况选择不同类型的数据来计算数据变化率。通过分析不同类型数据的变化率,可以检测其是否为应急事件。物联网稳定运行时,其数据会逐渐趋于稳定或呈现一定的变化规律,即遵循常规数据变化率。比如温度,按照季节和时间等因素有一定的变化规律。当观测数据变化率偏离常规数据变化率指定阈值时,可预测为有应急事件发生。数据采集节点如果是多功能传感器,则可以同时检测多种类型数据。物联网中常用的数据类型如表 5-2 所示。

表 5-2　常用的数据类型

数据类型	采集范围举例(范围可按照实际情况调整)
温度	采集温度数据范围 $-30\sim250\ ℃$
烟雾浓度	采集烟雾数据范围 200 ppm~4 000 ppm
湿度	采集湿度数据范围 5%~90% RH
火焰	$1\sim20\ \mu m$ 波长范围内的光谱响应
气体	采集有一定浓度的气体,如天然气、甲烷等
震动	采集设备运行时震动状态,范围 $0\sim30$ MHz
各种有规律的业务数据	取决于实验或现场所采集的数据类型

5.3　数据变化率模型

物联网中多种类型数据都有其相应的数据变化率。数据变化率是指物联网采集的数据在一段时间内的变化率。在网络稳定运行时,变化率逐渐趋于稳定或呈现一定的规律。如果这种趋势或规律被打破,则可能存在安全隐患,所以相应的应急数据需要被及时报告和处理。在 UCPDR 中,数据变化率被分为观测数据变化率和常规观测数据变化率。通过观测不同节点在一段时间内的数据值,可得到不同时刻的观测数据变化率。簇头节点通过凸优化理论,调整节点在不同时刻的权值,使数据的观测变化率与常规变化率之间的加权距离最小化,从而得到这段时间内正常运行的常规数据变化率。

5.3.1　观测数据变化率

观测数据变化率是节点的某类观测到的数据在某一时刻与前一时刻数据的变化率。$D_n^{(t,\mathrm{type}_m)}$ 表示节点 n 在 t 时刻采集的第 m 类数据。$\Delta\mathrm{OD}_n^{(t,\mathrm{type}_m)}$ 表示节点 n 在 t 时刻第 m

类数据的观测数据变化率。不同类型的数据值表达方式不同,值的范围和数量级也不同,为了使多种类型数据变化率的范围尽量统一,需要选择一个合适的变化率函数来反映数据变化的情况,从而避免不同类型数据的变化范围对时间权重和常规数据变化率的影响。为了使各类数据在优先级计算中起到相对平等的作用,在 UCPDR 中使用基于 Min-Max 标准化函数的观测数据变化率,将各类数据变化映射到一个范围中。节点 n 在 t 时刻第 m 类数据的观测数据变化率 $\Delta \mathrm{OD}_n^{(t,\mathrm{type}_m)}$ 的计算如式(5-1)所示。

$$\Delta \mathrm{OD}_n^{(t,\mathrm{type}_m)} = \frac{\left| D_n^{(t,\mathrm{type}_m)} - D_n^{(t-1,\mathrm{type}_m)} \right|}{D_n^{(\mathrm{Max},\mathrm{type}_m)} - D_n^{(\mathrm{Min},\mathrm{type}_m)}} \tag{5-1}$$

其中,$D_n^{(\mathrm{Max},\mathrm{type}_m)}$ 为时间段 $t_i \sim t_j$ 内第 m 类数据的最大值;$D_n^{(\mathrm{Min},\mathrm{type}_m)}$ 为时间段 $t_i \sim t_j$ 内第 m 类数据的最小值;$D_n^{(t,\mathrm{type}_m)}$ 为节点 n 在 t 时刻采集的第 m 类数据;$D_n^{(t-1,\mathrm{type}_m)}$ 为节点 n 在 $t-1$ 时刻采集的第 m 类数据。

从式(5-1)中可以看出观测数据变化率满足 $0 \leqslant \Delta \mathrm{OD}_n^{(t,\mathrm{type}_m)} \leqslant 1$。如果数据采集节点不是多功能传感器,只能检测一种类型的数据,那么只需要计算一类数据的观测数据变化率。

5.3.2　数据变化率的距离函数

数据变化率的距离函数用来衡量观测数据变化率与常规数据变化率之间的偏移量。观测数据变化率越接近于常规数据变化率,该函数值就越小,反之越大。在 UCPDR 中,为求解最优化问题,观测数据变化率与常规数据变化率之间的距离函数 $d(\Delta \mathrm{OD}_n^{(t,\mathrm{type}_m)}, \Delta \mathrm{ND}_{t_i \sim t_j}^{(*,\mathrm{type}_m)})$ 的定义如式(5-2)所示。

$$d(\Delta \mathrm{OD}_n^{(t,\mathrm{type}_m)}, \Delta \mathrm{ND}_{t_i \sim t_j}^{(*,\mathrm{type}_m)}) = (\Delta \mathrm{OD}_n^{(t,\mathrm{type}_m)} - \Delta \mathrm{ND}_{t_i \sim t_j}^{(*,\mathrm{type}_m)})^2 \tag{5-2}$$

对于非凸函数,需要采用特殊的求解方法才能得到最优化问题的解。为了使最优化问题的求解过程有规律可循,本章把资源调度最优化问题构造为一个凸优化问题,并用凸优化的求解方法来解决资源调度最优化问题。

5.3.3　数据变化率的时间权重

数据变化率的时间权重 $\mathrm{TW}_t^{\mathrm{type}_m}$ 是用来衡量 m 类数据在 t 时刻观测数据变化率与常规数据变化率之间的关系。时间权重 $\mathrm{TW}_t^{\mathrm{type}_m}$ 越大,说明 t 时刻计算得到的观测数据变化率越接近于常规数据变化率。$\mathrm{TW}^{\mathrm{type}_m}$ 是节点在 $t_i \sim t_j$ 时间段内数据变化率的时间权重的集合。

$$\mathrm{TW}^{\mathrm{type}_m} = \{\mathrm{TW}_{t_i}^{\mathrm{type}_m}, \mathrm{TW}_{t_{i+1}}^{\mathrm{type}_m}, \cdots, \mathrm{TW}_{t_j}^{\mathrm{type}_m}\} \tag{5-3}$$

$\delta(\mathrm{TW}^{\mathrm{type}_m})$ 是 $\mathrm{TW}_t^{\mathrm{type}_m}$ 取值范围的约束函数,反映了不同时刻 $\mathrm{TW}_t^{\mathrm{type}_m}$ 的分布情况。为了避免 $\mathrm{TW}_t^{\mathrm{type}_m}$ 范围无约束问题,通过定义约束函数 $\delta(\mathrm{TW}^{\mathrm{type}_m})$,如式(5-4)所示,来限

制 $TW_t^{type_m}$ 在一个确定的范围。不同的标准化函数有不同的效果,为了使表述简单,取 $\delta(TW^{type_m})=1$。用指数函数约束权值可以将数据变化率时间权重域 $\mathbb{S}$ 的变化域扩大到 $[0,+\infty)$。

$$\delta(TW^{type_m}) = \sum_{T=t_i}^{t_j} e^{-TW_T^{type_m}} = 1, \quad \mathbb{S} = [0,+\infty) \tag{5-4}$$

5.3.4　常规数据变化率模型

观测数据变化率是节点的某类观测到的数据在某一时刻与前一时刻数据的变化率。而常规数据变化率则更接近正常运行状态下的数据变化率。当某时刻观测数据变化率与常规数据变化率的差值超过阈值时,可以预测为存在应急数据。UCPDR 将求解常规数据变化率的过程转化为求解凸优化问题的过程,最小化观测数据变化率与常规数据变化率之间的加权距离。常规数据变化率模型如式(5-5)所示。

$$\min_{\Delta ND^*, TW^{type_m}} f(\Delta ND^*, TW^{type_m}) = \sum_{t=t_i}^{t_j} TW_t^{type_m} \sum_{n=1}^{N} d(\Delta OD_n^{(t,type_m)}, \Delta ND_n^{(*,type_m)}) \tag{5-5}$$

$$\text{s.t.} \quad \delta(TW^{type_m}) = 1, \quad TW^{type_m} \subseteq \mathbb{S}$$

式中,ΔND^* 为时间段 $t_i \sim t_j$ 内不同数据的常规变化率;TW^{type_m} 为物联网在不同时刻数据变化率的时间权重;$d(\Delta OD_n^{(t,type_m)}, \Delta ND_{t_i \sim t_j}^{(*,type_m)})$ 为数据变化率的距离函数。

式(5-5)中,ΔND^* 和 TW^{type_m} 是两个未知的向量,对于含有两个未知向量的最优化问题,要使目标函数最小化,可以采用两步迭代求解方法,即固定一个向量,再通过多轮迭代来求另一个未知向量,直到该向量收敛。这种迭代方法称为块坐标下降方法[191],它能使目标函数的更新值逐渐减小,直到达到最小值。求解 ΔND^* 和 TW^{type_m} 可以通过以下两个迭代的步骤来完成,将式(5-5)中的二元最优化问题分为两个一元最优化问题,具体如下。

第一步,数据变化率时间权重的求解。 固定 ΔND^* 求解 TW^{type_m}。假设 ΔND^* 已知,通过最小化目标函数 $f(\Delta ND^*, TW^{type_m})$ 求得 TW^{type_m} 的值。

$$TW^{type_m} \leftarrow \underset{TW^{type_m}}{\text{argmin}} f(\Delta ND^*, TW^{type_m}) \tag{5-6}$$

$$\text{s.t.} \quad \delta(TW^{type_m}) = 1, \quad TW^{type_m} \subseteq S$$

在数据变化率时间权重计算中,当相邻两轮迭代所得变化率之差(DV_{CR-TW})小于阈值(Thr_TW)时,即可停止迭代过程,得到时间段 $t_i \sim t_j$ 内的时间权重。

第二步,常规数据变化率的求解。 固定 TW^{type_m} 求解 ΔND^*。根据第一步求得的 TW^{type_m},通过最小化目标函数 $f(\Delta ND^*, TW^{type_m})$ 求得 ΔND^*。由于直接求 ΔND^* 比较复杂,因此需将目标函数拆开,分别求解每一类数据的常规数据变化率,求解过程为

$$\Delta ND_{t_i \sim t_j}^{(*,type_m)} \leftarrow \text{argmin} \sum_{t=t_i}^{t_j} TW_t^{type_m} \times d(\Delta OD_n^{(t,type_m)}, \Delta ND_{t_i \sim t_j}^{(*,type_m)}) \tag{5-7}$$

其中,$n=1,\cdots,N$;$m=1,\cdots,M$。$\Delta ND_{t_i \sim t_j}^{(*,type_m)}$ 在多轮迭代的过程中会逐渐收敛于一个固定

值。当相邻两轮迭代所得变化率之差（$DV_{CR\text{-}ND}$）小于阈值（Thr_ND）时，即可停止迭代过程，得到在时间段 $t_i \sim t_j$ 内的常规数据变化率。同理可得到所有数据类型的常规数据变化率集合 $\Delta ND_{t_i \sim t_j}^{*} = \{\Delta ND_{t_i \sim t_j}^{(*, type_m)}; m=1, \cdots, M\}$。

虽然在凸优化问题中，初值的选择并不会影响最终的结果，但常规数据变化率初值的选择很关键。初值选择合理则收敛快，节省计算资源和时间，且越接近真实变化率越好，反之则收敛得慢。在 UCPDR 中，计算一段时间内各类观测数据变化率平均值，并把该平均值作为常规数据变化率的初值，其计算如式（5-8）所示。

$$\Delta ND_{t_i \sim t_j}^{(*\,init, type_m)} = \frac{\sum\limits_{t=t_i}^{t_j} \sum\limits_{n=1}^{n=N} \Delta OD_n^{(t, type_m)}}{N \times (t_j - t_i + 1)} \tag{5-8}$$

在式（5-8）中，时间 t 的取值范围是 $t_i \sim t_j$，需要相邻两个时间点构成一组，每一个组中有 N 个节点的观测数据变化率。

应急事件监测过程中所使用的数据类型可以是不固定的、多种类型的。如何选择合适的数据类型取决于需要监测的应用背景和目标，比如监测火灾隐患时，可关注温度、烟雾和火焰等数据类型，并尽可能同时监测多种数据类型。

簇头节点根据多个数据采集节点的数据，分别得到不同类型数据的常规数据变化率，然后广播每个时间段的常规数据变化率。假设时间段的间隔为 10，根据上述方案得到的常规数据变化率示例如表 5-3 所示。

表 5-3　常规数据变化率示例

数据类型	时间段			
	$t_1 \sim t_{10}$	$t_{11} \sim t_{20}$	$t_{21} \sim t_{30}$	…
$type_1$	$\Delta ND_{t_1 \sim t_{10}}^{(*, type_1)}$	$\Delta ND_{t_{11} \sim t_{20}}^{(*, type_1)}$	$\Delta ND_{t_{21} \sim t_{30}}^{(*, type_1)}$	…
$type_2$	$\Delta ND_{t_1 \sim t_{10}}^{(*, type_2)}$	$\Delta ND_{t_{11} \sim t_{20}}^{(*, type_2)}$	$\Delta ND_{t_{21} \sim t_{30}}^{(*, type_2)}$	…
…	…	…	…	…
$type_M$	$\Delta ND_{t_1 \sim t_{10}}^{(*, type_M)}$	$\Delta ND_{t_{11} \sim t_{20}}^{(*, type_M)}$	$\Delta ND_{t_{21} \sim t_{30}}^{(*, type_M)}$	…

5.4　资源调度优化方案

在一些应用场景中，数据的优先级很难提前设置，比如某温度值在某一时刻属于正常数据范围，但由于早晚和季节温度的差异，同样的温度数据在某时间段可能属于异常数据。本章针对应急网络时延优化问题，基于上述常规数据变化率模型，介绍基于数据变化率优先级的非均匀分簇物联网资源调度方案（UCPDR）。UCPDR 中，可实时判定数据的优先级，无需提前设定，并按照数据优先级给应急物联网数据分配时隙和信道资源。

UCPDR 具有较高的应急数据检测正确率,能有效减少应急数据的网络时延。

5.4.1 数据优先级实时判定机制

簇头节点要结合收到的数据采集节点的数据计算常规数据变化率,并判断数据的优先级。簇头节点通过分析各节点在一段时间 $t \subseteq (t_i, t_j)$, $t \leqslant t_i$ 内的数据,计算观测数据变化率的标准差 $\sigma_t^{\text{type}_m}$,如式(5-9)所示。并按照式(5-6)和式(5-7)计算出随后一段时间段 $t \subseteq (t_i, t_j)$ 的常规数据率 $\Delta \text{ND}_{t_i \sim t_j}^{(*, \text{type}_m)}$,再向簇内数据采集节点广播 $\Delta \text{ND}_{t_i \sim t_j}^{(*, \text{type}_m)}$ 和 $\sigma_t^{\text{type}_m}$。

$$\sigma_t^{\text{type}_m} = \sqrt{\frac{1}{(j-i+1) \times N} \sum_{t=i}^{j} \sum_{n=1}^{n=N} (\Delta \text{OD}_n^{(t, \text{type}_m)} - \overline{\text{OD}^{\text{type}_m}})^2} \tag{5-9}$$

其中,$\overline{\text{OD}^{\text{type}_m}}$ 计算公式如下:

$$\overline{\text{OD}^{\text{type}_m}} = \frac{\sum_{t=i}^{j} \sum_{n=1}^{N} \Delta \text{OD}_n^{(t, \text{type}_m)}}{(j-i+1) \times N} \tag{5-10}$$

任意一个数据采集节点对不同的数据类型分别计算在 t 时刻观测数据变化率与常规数据变化率间的差值 $\text{DV}_n^{(t, \text{type}_m)}$,如式(5-11)所示。

$$\text{DV}_n^{(t, \text{type}_m)} = | \Delta \text{OD}_n^{(t, \text{type}_m)} - \Delta \text{ND}_{t_i \sim t_j}^{(*, \text{type}_m)} | \tag{5-11}$$

其中,$t \subseteq (t_i, t_j)$。当节点是多功能数据采集节点时,需要计算多种数据类型的数据变化率差值的平均值 $\overline{\text{DV}_n^t}$。

$$\overline{\text{DV}_n^t} = \frac{\sum_{m=1}^{M} \text{DV}_n^{(t, \text{type}_m)}}{M} \tag{5-12}$$

其中,M 为数据类型总数,当只检测一种类型数据时 $M=1$。

节点 n 在 t 时刻的数据优先级 P_n^t 可以根据式(5-13)来判定。

$$\begin{cases} P_n^t \leftarrow 0, & \text{DV}_n^t \leqslant \alpha \times \left(\sum_{m=1}^{M} \sigma_t^{\text{type}_m} \div M \right), t \subseteq (t_i, t_j) \\ P_n^t \leftarrow 1, & \text{其他} \end{cases} \tag{5-13}$$

其中,α 为根据实验环境和实际应用可调整的参数。

① 当数据采集节点标注 $P_n^t \leftarrow 0$ 时,表明数据优先级为低;

② 当数据采集节点标注 $P_n^t \leftarrow 1$ 时,表明数据优先级为高,可能存在应急数据或安全隐患。

5.4.2 UCPDR

在基于数据变化率优先级的非均匀分簇物联网资源调度方案(UCPDR)中,常规数据和应急数据使用不同的资源调度方案。基站根据非均匀分簇拓扑和路由信息,通过图染色算法,给第一层簇头节点和一跳范围内的所有簇头节点分配不同的信道,基站支持多信道通信。簇内通信时,簇头节点和簇内数据采集节点使用同一个信道。簇间数据传输时,簇头节点要提前切换到中继节点的信道。非均匀分簇后,簇头节点给簇成员数据采集节点分配 TDMA 时隙,并把时隙调度表广播给簇内成员节点。数据采集节点负责数据的采集,并按照簇头节点广播的常规数据变化率计算数据的优先级。

1. 常规数据的资源调度方案

数据采集节点如果计算得到数据优先级为 0,则表明是常规数据。本书中介绍的基于非均匀分簇的资源调度(RSUC)中虽然未考虑应急数据网络时延问题,但是在 UCPDR 的常规数据传输中,可直接使用改进的 RSUC 簇内通信的资源调度方案和簇间通信的资源调度方案。簇头节点需要监听应急数据,所以每个簇内通信时隙前要保留一个较小的监听时隙,用于实时监听应急数据发送请求。在簇内通信资源调度中,簇头节点向簇成员数据采集节点分配 TDMA 时隙,并根据簇成员数的阈值及时回收失效的数据采集节点资源。在 UCPDR 中,常规数据簇内通信时隙结构示例如图 5-3 所示。

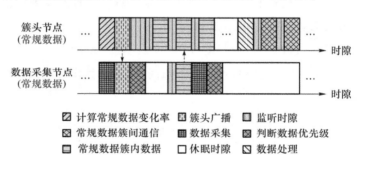

图 5-3 UCPDR 常规数据簇内通信时隙结构

在 UCPDR 常规数据簇间通信的资源调度中,簇头节点将切换到中继节点的信道。除了第一周期之外,奇数层和偶数层的簇头节点将获得两个连续的时隙。簇头节点通过有效的信道和时隙联合分配可以并行簇间通信,靠近基站的簇头节点被分配较少的簇内通信时隙和较多的簇间通信时隙,离基站较远的簇头节点被分配较多的簇内通信时隙和较少的簇间通信时隙。在 RSUC 簇间通信资源调度基础上,簇头节点的每个簇间通信时隙前要保留一个较小的监听时隙,用于实时监听其他簇头节点发送的簇间应急数据发送请求。在 UCPDR 中,常规数据簇间通信时隙结构示例如图 5-4 所示。

2. 应急数据的资源调度方案

数据采集节点如果判断数据优先级为 1,则表明是应急数据。簇内通信和簇间通信资源调度需要按照应急数据的资源调度方案进行信道和时隙的分配。在 UCPDR 应急数据簇内通信的资源调度中,数据采集节点在簇头节点监听时隙内发送应急数据请求。簇头节点收到应急数据请求后,保存当前状态,并广播进入应急状态。有应急数据的采集节点收到广播后,立即发送应急数据,而其他节点则暂停簇内数据传输,保存当前状态。应急数据发送成功后,还原现场并继续进行簇内通信。在 UCPDR 中,应急数据簇内通信时隙的结构示例如图 5-5 所示。

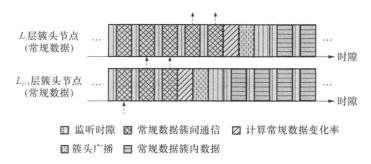

图 5-4　UCPDR 常规数据簇间通信时隙结构

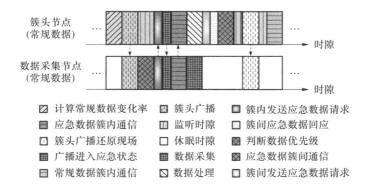

图 5-5　UCPDR 应急数据簇内通信时隙结构

在 UCPDR 应急数据簇间通信的资源调度中,有应急数据的簇头节点首先切换到自己传输链上的中继节点信道,在中继节点的监听时隙内发送应急数据请求。中继簇头节点收到应急数据请求后,保存当前状态并发送簇间应急数据回应。簇头节点收到回应后,立即向中继节点发送应急数据。应急数据发送成功后,还原现场并继续进行簇间数据传输。中继节点收到应急数据后,切换到自己上层的中继节点信道并继续发送应急数据请求,收到回应后,向其中继节点发送应急数据。这个过程将持续到应急数据最终到达基站。如果簇头节点发送应急数据请求后,未收到簇间应急数据回应,则需要重新发送应急数据请求。在 UCPDR 中,应急数据簇间通信时隙的结构示例如图 5-6 所示。

在 UCPDR 整体资源调度过程中,首先利用凸优化理论,得出物联网常规数据变化率模型;然后基于常规数据变化率和观测数据变化率的偏移量来实时判定数据的优先级;最后按照数据优先级确定使用常规数据资源调度方案还是应急数据资源调度方案。基于数据属性变化率优先级的非均匀分簇物联网资源调度流程图如图 5-7 所示。

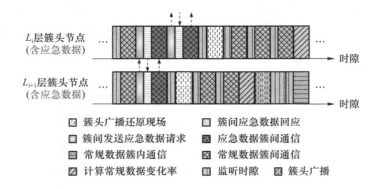

图 5-6　UCPDR 应急数据簇间通信时隙结构

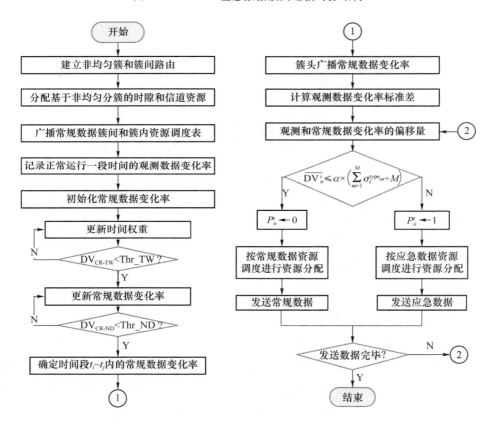

图 5-7　UCPDR 流程图

UCPDR 主要过程如下。

S_1：形成非均匀分簇，并建立簇间路由表。

S_2：基于改进的非均匀簇的资源调度（RSUC），给各常规数据分配时隙和信道。

S_3：基站广播簇间时隙调度表和信道分配表，簇头节点广播簇内 TDMA 时隙调度表。

S_4：簇头节点记录正常运行状态下的一段时间的观测数据变化率。

S_5：根据观测数据变化率的平均值,给常规数据变化率赋予初值。

S_6：根据凸优化理论,通过动态调整每一类数据变化率的时间权重,使得数据变化率的观测值和常规值之间的偏移量最小化。当相邻两轮迭代所得数据变化率之差 $DV_{CR\text{-}TW}$ 小于阈值 Thr_TW 时,停止迭代,计算时间权重。

S_7：基于 S_6 计算得到的时间权重,通过动态调整每一种数据类型的常规数据变化率,最小化观测数据变化率和常规数据变化率之差。当相邻两轮迭代所得数据变化率之差 $DV_{CR\text{-}ND}$ 小于阈值 Thr_ND 时,停止迭代,得到反映物联网一段时间内正常运行状态的常规数据变化率。

S_8：簇头节点广播常规数据变化率。

S_9：簇头节点计算观测数据变化率标准差。

S_{10}：数据采集节点计算常规数据变化率和观测数据变化率的偏差 $\overline{DV_n^t}$。

S_{11}：当 $\overline{DV_n^t} \leqslant \alpha \times (\sum\limits_{m=1}^{M} \sigma_t^{\text{type}_m} \div M)$,$t \subseteq (t_i, t_j)$ 时,令数据优先级 $P_n^t \leftarrow 0$；否则 $P_n^t \leftarrow 1$。

S_{12}：当数据优先级为 0,则按照上述常规数据资源调度方案进行时隙和信道分配,并进行数据的发送。否则进入 S_{13}。

S_{13}：按照上述应急数据资源调度方案进行时隙和信道分配,并发送应急数据。

S_{14}：如果本轮数据发送完毕,则停止 UCPDR。否则进入 S_{11}。

5.5　理 论 分 析

本节对常规数据变化率模型的凸优化进行证明,并求解时间权重和常规数据变化率。

定理 5-1　固定 ΔND^* 时,式(5-4)和式(5-6)构成一个凸优化问题。

证明：由式(5-4)可知,$TW_t^{\text{type}_m}$ 的变化域为 $[0, +\infty)$,为一个凸集,所以最优化问题,即式(5-6)中目标函数的定义域为凸集。当固定 ΔND^* 时,目标函数是关于 $TW_t^{\text{type}_m}$ 的一个线性仿射函数,对于任意的 $0 \leqslant \theta \leqslant 1, x \in [i, j], y \in [i, j]$,都有

$$
\begin{aligned}
f(\theta x + (1-\theta) y) &= \sum_{t=i}^{j} (\theta x^t + (1-\theta) y^t) \sum_{n=1}^{N} d(\Delta OD_n^{(t, \text{type}_m)}, \Delta ND_n^{(*, \text{type}_m)}) \\
&= \theta \sum_{t=i}^{j} x^t \sum_{n=1}^{N} d(\Delta OD_n^{(t, \text{type}_m)}, \Delta ND_n^{(*, \text{type}_m)}) + \\
&\quad (1-\theta) \sum_{t=i}^{j} y^t \sum_{n=1}^{N} d(\Delta OD_n^{(t, \text{type}_m)}, \Delta ND_n^{(*, \text{type}_m)}) \\
&= \theta f(x) + (1-\theta) f(y)
\end{aligned}
\tag{5-14}
$$

式(5-14)满足凸函数的定义 $f(\theta x + (1-\theta) y) \leqslant \theta f(x) + (1-\theta) f(y)$,所以目标函数是凸函数。式(5-4)和式(5-6)构成了一个包含等式和不等式约束的凸优化问题,可以用凸优化求解方法求其最优解,用拉格朗日乘子 λ 来求解 $TW_t^{\text{type}_m}$。令 $\varphi_t = e^{-TW_t^{\text{type}_m}}$,则 $\sum\limits_{t=i}^{j} \varphi_t = 1$。

最优化问题转化为拉格朗日函数如下式：

$$L(\mathrm{TW}_t^{\mathrm{type}_m},\lambda)=\sum_{t=i}^{j}-\ln\varphi_t\sum_{n=1}^{N}d(\Delta\mathrm{OD}_n^{(t,\mathrm{type}_m)},\Delta\mathrm{ND}_n^{(*,\mathrm{type}_m)})+\lambda(1-\sum_{t=i}^{j}\varphi_t)\quad(5\text{-}15)$$

令关于 φ_t 的偏导数为 0，得到下式：

$$\lambda\varphi_t=-\sum_{n=1}^{N}d(\Delta\mathrm{OD}_n^{(t,\mathrm{type}_m)},\Delta\mathrm{ND}_n^{(*,\mathrm{type}_m)})\qquad(5\text{-}16)$$

由限制条件 $\sum_{t=i}^{j}\varphi_t=1$，可以得到

$$\lambda=-\sum_{t=i}^{j}\sum_{n=1}^{N}d(\Delta\mathrm{OD}_n^{(t,\mathrm{type}_m)},\Delta\mathrm{ND}_n^{(*,\mathrm{type}_m)})\qquad(5\text{-}17)$$

将式(5-17)和 $\varphi_t=\mathrm{e}^{-\alpha^t}$ 代入式(5-16)中，可得

$$\mathrm{TW}_t^{\mathrm{type}_m}=-\ln\frac{\displaystyle\sum_{n=1}^{N}d(\Delta\mathrm{OD}_n^{(t,\mathrm{type}_m)},\Delta\mathrm{ND}_n^{(*,\mathrm{type}_m)})}{\displaystyle\sum_{t=i}^{j}\sum_{n=1}^{N}d(\Delta\mathrm{OD}_n^{(t,\mathrm{type}_m)},\Delta\mathrm{ND}_n^{(*,\mathrm{type}_m)})}\qquad(5\text{-}18)$$

同理可以得出 $\mathrm{TW}_t^{\mathrm{type}_m}$ 的集合 $\mathrm{TW}^{\mathrm{type}_m}=\{\mathrm{TW}_{t_i}^{\mathrm{type}_m},\mathrm{TW}_{t_{i+1}}^{\mathrm{type}_m},\cdots,\mathrm{TW}_{t_j}^{\mathrm{type}_m}\}$。可以看出，当某一时刻观测数据变化率与常规数据变化率之间的偏移量越大时，该时刻数据变化率的时间权重就越小，当观测数据变化率越接近常规数据变化率时，时间权重就越大。

定理 4-2 固定 $\mathrm{TW}_t^{\mathrm{type}_m}$ 时，式(5-1)、式(5-2)和式(5-7)构成一个凸优化问题。

证明：观测数据变化率，即式(5-1)中，将数据变化率取值范围限制在实数域——凸集，所以距离函数的自变量 $\Delta\mathrm{OD}_n^{(t,\mathrm{type}_m)}$ 的定义域集合为凸集。

假设对于任意的 $0\leqslant\theta\leqslant1,x\in[1,M],y\in[1,M]$，都有

$$d(\theta\Delta\mathrm{OD}_n^{(x,\mathrm{type}_m)}+(1-\theta)\Delta\mathrm{OD}_n^{(y,\mathrm{type}_m)},\Delta\mathrm{ND}_n^{(t,\mathrm{type}_m)})>$$
$$\theta d(\Delta\mathrm{OD}_n^{(x,\mathrm{type}_m)},\Delta\mathrm{ND}_n^{(t,\mathrm{type}_m)})+(1-\theta)d(\Delta\mathrm{OD}_n^{(y,\mathrm{type}_m)},\Delta\mathrm{ND}_n^{(t,\mathrm{type}_m)})\qquad(5\text{-}19)$$

即

$$[\theta\Delta\mathrm{OD}_n^{(x,\mathrm{type}_m)}+(1-\theta)\Delta\mathrm{OD}_n^{(y,\mathrm{type}_m)}-\Delta\mathrm{ND}_n^{(t,\mathrm{type}_m)}]^2>$$
$$\theta[\Delta\mathrm{OD}_n^{(x,\mathrm{type}_m)}-\Delta\mathrm{ND}_n^{(t,\mathrm{type}_m)}]^2+(1-\theta)[\Delta\mathrm{OD}_n^{(y,\mathrm{type}_m)}-\Delta\mathrm{ND}_n^{(t,\mathrm{type}_m)}]^2\qquad(5\text{-}20)$$

可以得到

$$\theta(\theta-1)(\Delta\mathrm{OD}_n^{(t,\mathrm{type}_m)}-\Delta\mathrm{ND}_{t_i\sim t_j}^{(*,\mathrm{type}_m)})^2>0\qquad(5\text{-}21)$$

由于 $0\leqslant\theta\leqslant1$，所以式(5-21)显然是错误的。因此可以得到

$$d(\theta\Delta\mathrm{OD}_n^{(x,\mathrm{type}_m)}+(1-\theta)\Delta\mathrm{OD}_n^{(y,\mathrm{type}_m)},\Delta\mathrm{ND}_n^{(t,\mathrm{type}_m)})\leqslant$$
$$\theta d(\Delta\mathrm{OD}_n^{(x,\mathrm{type}_m)},\Delta\mathrm{ND}_n^{(t,\mathrm{type}_m)})+(1-\theta)d(\Delta\mathrm{OD}_n^{(y,\mathrm{type}_m)},\Delta\mathrm{ND}_n^{(t,\mathrm{type}_m)})\qquad(5\text{-}22)$$

根据凸函数的定义，距离函数为一个凸函数。$\mathrm{TW}_t^{\mathrm{type}_m}$ 非负，式(5-7)为距离函数的非负线性组合。根据凸函数的性质，该最优化问题的目标函数是一个凸函数，所以式(5-1)、式(5-2)和式(5-7)构成了一个无约束的凸优化问题，可以用凸优化求解方法求解。当最优化问题为凸优化问题时，有且仅有一个最优解，且是局部最优解也是全局最优解[191]。

对于最优化问题,即式(5-7),使 $\Delta\mathrm{ND}_n^{(*,\mathrm{type}_m)}$ 的偏导数等于 0 可以得到最优解,即

$$\Delta\mathrm{ND}_n^{(*,\mathrm{type}_m)} = \frac{\sum_{t=i}^{j}\mathrm{TW}_t^{\mathrm{type}_m}\cdot\Delta\mathrm{ND}_n^{(t,\mathrm{type}_m)}}{\sum_{t=i}^{j}\mathrm{TW}_t^{\mathrm{type}_m}} \tag{5-23}$$

5.6　实验验证及分析

在 UCPDR 中,簇头节点结合收到的簇内数据采集节点的数据,计算出正常运行一段时间内的常规数据变化率。数据采集节点按照常规数据变化率和观测属性变化率的差值来计算数据的优先级。节点按照不同的数据优先级采用不同的资源调度方案。基站主要负责生成簇间通信的资源调度表,收集簇头节点发送的数据信息,并把数据传输到目标主控设备。仿真用 MATLAB 实现,将 100～300 个节点分布在 200 m×200 m 的数据采集区域内。UCPDR 的实验仿真参数如表 5-4 所示。

表 5-4　UCPDR 的实验仿真参数

参数	值
分布区域	200 m×200 m
节点数量	100～300
分布方式	随机
初始能量	50 J
最大数据包长度	64 B
传输能量	可调整
温度范围	−30～250 ℃
烟雾浓度范围	200 ppm～4 000 ppm
湿度范围	5%～90% RH
震动范围	0～30 MHz

UCPDR 能够同时检测出多种可能有安全隐患的应急数据。本实验分别对湿度、温度、震动、烟雾浓度以及它们混合类型数据进行了仿真。每一类数据都有相应的类型标志,簇头节点根据不同的类型得到每一类数据的常规数据变化率模型,对于混合类型数据则要计算平均数据变化率。针对不同类型数据,应急数据的检测正确率如图 5-8 所示。从仿真实验结果可以看出,UCPDR 在检测不同应急数据类型时有较高的检测正确率,且检测正确率能达到 91.4%～97.8%。在基于数据变化率优先级的资源调度中,不同数据类型的检测效果有所差别。因为仿真实验中烟雾浓度和震动信息等对数据变化率比较敏感,所以应急数据检测正确率更高一些。可以根据应用需求选择不同的数据类型,调整实

验参数,使数据变化率更好地反应出物联网需要检测的应急数据。

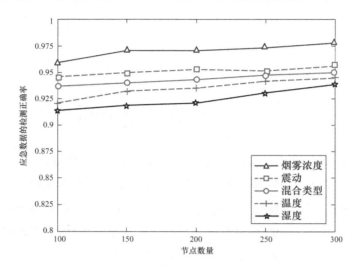

图 5-8　应急数据的检测正确率

图 5-9 显示了 UCPDR 中常规数据和应急数据的平均网络时延。UCPDR 中常规数据和应急数据使用不同的资源调度方案,可以看出应急数据的网络时延明显比常规数据的网络时延小。物联网时延包括传输时延、传播时延、处理时延和排队时延等。在 UCPDR 中,通过实时判断数据的优先级,检测到应急数据后优先给其分配信道和时隙资源,有效减少了应急数据的处理时延和排队时延,保证了应急数据以较小的网络时延发送到基站。在 UCPDR 中,应急数据与常规数据相比,平均网络时延减少了约 35.2%。

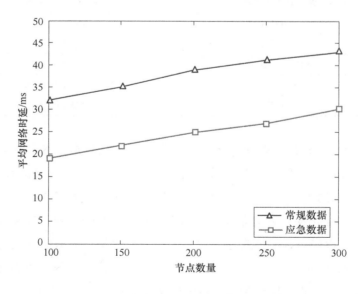

图 5-9　常规数据和应急数据的平均网络时延

UCPDR 基于非均匀分簇和路由分层。图 5-10 显示了 UCPDR 中应急数据在不同层中的网络时延。其中，N_{init} 表示网络初始节点数，R_c^0 表示非均匀分簇的初始最大竞争半径。应急数据在采集过程中出现的层次是随机的，本实验按照平均值来计算应急数据在不同层的网络时延。UCPDR 中，第一层节点离基站最近，网络时延最小，随着层数增加，应急数据的网络时延会增加。N_{init} 固定时，网络时延随着非均匀分簇的初始最大竞争半径的增大而减少。

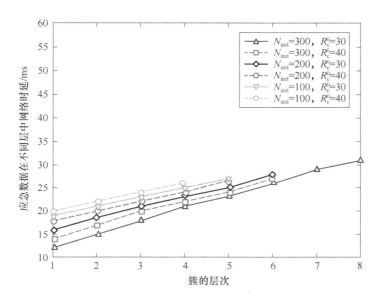

图 5-10　应急数据在不同层中的网络时延

图 5-11 给出了不同资源调度方案中应急数据的平均网络时延。本章介绍的 UCPDR 在第 3 章 RSUC 的基础上引入了应急数据调度方案，基于数据变化率模型实时判断数据的优先级，对常规数据和应急数据使用不同的资源调度方案。动态多层优先级（DMP）分组调度中，节点在分层的基础上将数据分为高优先级、中优先级和低优先级 3 个不同的就绪队列，高优先级就绪队列优先传输，不同层的数据使用 TDMA 调度方案。多级动态反馈调度（MDFS）算法在 DMP 的基础上，通过反馈机制调整自己的就绪队列。而 DMP 和 MDFS 中没有给出判断数据的优先级的方法，需要提前设置，并在就绪队列中排队。UCPDR 能够实时判断数据优先级，有效检测应急数据后优先分配时隙和信道资源，与 RSUC、DMP 和 MDFS 相比，其有效减少了应急数据的网络时延。

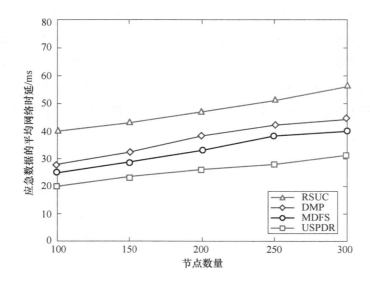

图 5-11　应急数据的平均网络时延

5.7　本章小结

本章针对应急数据网络时延问题,介绍了基于数据变化率优先级的非均匀分簇物联网资源调度方案(UCPDR)。该资源调度首先得出反映物联网在一段时间内正常运行状态下的常规数据变化率;然后根据常规数据变化率和观测数据变化率的偏移量来确定数据的优先级;最后按照数据的优先级进行有效的时隙和信道资源调度。仿真实验表明,UCPDR 可以实时检测出多种应急数据且检测正确率可达到 $91.4\%\sim97.8\%$。

第6章 基于检测矩阵的非均匀分簇物联网资源调度方案

前几章介绍的资源调度中,基站离数据采集区域较近,第一层簇头节点可直接与基站通信。而在一些应用场景中,基站可能离数据采集现场较远。为提高数据传输效率,可以构造非均匀分簇异构物联网,设置专门的路由节点负责数据路由转发传输[192]。异构物联网是一个新兴的研究领域,为我们的生活提供了多种便捷的服务[193]。但是现有的一些异构物联网资源调度的时隙复用率难以提升,网络资源利用率低下。资源调度中若按数据先后顺序分配时隙,可以避免传输干扰,但是节点将不能重复利用时隙进行数据传输,导致时隙资源利用率较低。本章主要介绍基于检测矩阵的非均匀分簇物联网资源调度(Resource Scheduling of Unequal Clustering IoT based on Detection Matrix,UCDM)。在 UCDM 中,物联网数据监测过程包括非均匀分簇传输阶段和路由选择传输阶段。非均匀分簇传输阶段的资源调度主要基于前几章介绍的资源调度。本章在非均匀分簇数据采集和传输的基础上,重点介绍路由选择传输阶段的资源调度。UCDM 结构如图 6-1 所示。①根据非均匀分簇、路由树和通信干扰模型建立冲突矩阵。②基于图染色算法进行信道分配。③通过基于路由树的资源调度(Resource Scheduling based on Routing Tree,RSRT)和信道分配得到单个周期的时隙分配表,并在此基础上建立传输矩阵。④根据冲突矩阵和传输矩阵建立检测矩阵。⑤根据检测矩阵得到非重叠时隙上限 U。⑥根据非重叠时隙上限 U 得到最终连续周期时隙分配表。⑦进行最终的信道和时隙联合调度。实验表明 UCDM 使用时隙复用方法可以有效提高物联网连续传输的时隙利用率和网络吞吐量。

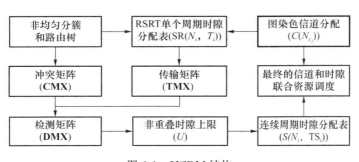

图 6-1 UCDM 结构

6.1 UCDM 的网络模型

基站离数据采集现场较远时可设置专门的路由节点负责数据路由转发传输。基于检测矩阵的非均匀分簇物联网资源调度中,根据不同的工作模式和功能,物联网节点主要包括数据采集节点、簇头节点、路由节点、基站和主控设备。各节点具体功能如下。

1. 数据采集节点

物联网数据采集节点主要负责感知和采集各种数据,并将采集的数据以一跳方式传给簇头节点。数据的采集按周期循环进行。

2. 簇头节点

簇头节点主要用于接收数据采集节点的数据,对收到的数据进行融合并转发给中继簇头节点。而第一层中的簇头节点还要负责将其数据转发给离自己最近的最底层路由节点。

3. 路由节点

路由节点主要负责数据打包和路由传输,最底层的路由节点要接收第一层簇头节点的数据,对数据进行打包并转发给其中继路由节点,最终以多跳方式把数据发送到基站。

4. 基站

基站主要负责生成路由节点和簇头节点的资源调度表。基站在每个周期收集所有节点的数据,并把数据传输到主控设备。

5. 主控设备

主控设备主要对收到的数据进行管理及处理,并为用户提供实时信息传递和突发事件报警。

UCDM 需要满足以下约束条件:

① 节点可以根据接收信号强度指示(RSSI)来计算距离;

② 节点传输功率可调;

③ 簇内通信时,簇头节点对数据采集设备的数据进行融合。但在簇间通信时,簇头节点对收到的簇间数据不进行融合;

④ 路由节点存储容量较大,对收到的所有数据进行打包后一次性传输。路由节点的数据可以在一个单位时隙内完成传输;

⑤ 基站的位置离物联网数据采集现场比较远,不支持多接口和多信道通信。

UCDM 基于非均匀分簇网络拓扑和路由树,UCDM 的网络拓扑如图 6-2 所示。物联网数据采集传输包括非均匀分簇传输阶段和路由选择传输阶段。在非均匀分簇传输阶段中,数据采集节点将采集的数据以一跳方式发送给簇头节点。簇头节点对收到的单个周期内所有数据进行融合处理后发送给中继簇头节点,直到所有数据都到达第一层簇头节点。在分簇传输阶段,如果不需要对应急数据进行检测,则可采用本书介绍的 RSUC 给数据采集节点和簇头节点分配时隙和信道。如果需要考虑应急数据的网络时延,则采用本书介绍的 UCPDR 给各节点分配资源。在路由选择传输阶段,第一层簇头节点将数据发给最底层的路由节点。节点在收到所有子节点的数据后对其进行打包处理,并在自己的时隙内统一发给其中继路由节点,直到所有数据到达基站。基站在每个周期收集所有节点的数据,最终把数据传输到主控设备。

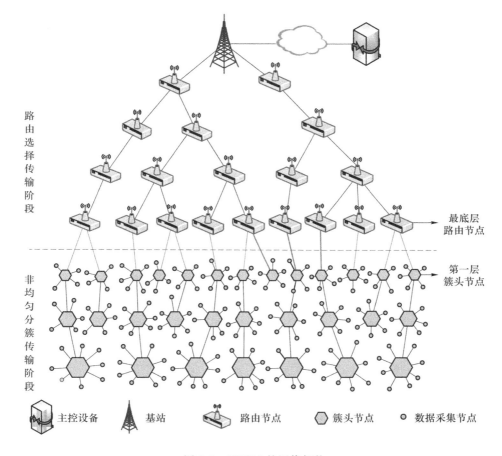

图 6-2　UCDM 的网络拓扑

在 UCDM 中使用的符号及说明如表 6-1 所示。

表 6-1　UCDM 的符号表示及说明

符号	英文全称	说明
Num	Number of Nodes	路由转发传输阶段的节点总数
CH_i	Cluster Head i	簇头节点 i
N_i	Node i	节点 i,从下到上排序的序号

符号	英文全称	说明
T_i	Time Slot i in a Round	单个周期中的时隙 i，T_{max} 为单个周期中总时隙数
R	Round	网络中连续的周期数
$SR(N_i, T_i)$	Time Slot Allocation Table in a Round	单个周期时隙分配表，节点 N_i 被分配时隙 T_i
CMX	Conflict Matrix	冲突矩阵，$CMX_{ij} \in \{0,1\}$
TMX	Transfer Matrix	传输矩阵，$TMX_{ij} \in \{0,1\}$
DMX	Detection Matrix	检测矩阵
U	Upper Limit of Non-overlapping Time Slots	不重叠时隙上限
TS_i	Time Slot i in Continuous Rounds	连续周期的时隙，$TS = \{TS_1, TS_2, \cdots, TS_{max}\}$，$TS_{max}$ 连续周期中总时隙数
$S(N_i, TS_i)$	Final Time Slot Allocation Table	连续周期中的时隙分配表，节点 N_i 被分配时隙 TS_i

6.2　基于路由树的资源调度

本节针对路由选择传输阶段，介绍基于路由树的资源调度（RSRT）方法。RSRT 在信道分配的基础上进行时隙调度，得到单个周期内时隙分配表，让数据尽量并行传输，确保本周期内数据以最少的总时隙且无冲突地传输到基站。下面分别介绍 RSRT 中的信道分配和时隙分配方法。

6.2.1　RSRT 的信道分配

基站使用图染色算法给相邻的路由节点分配了不同的信道。假设可用通道的集合是 $C = \{C_1, C_2, \cdots, C_k\}$，且在图染色阶段所有信道均可用。RSRT 给路由节点分配信道公式如下：

$$C(N_{c_i}) = \begin{cases} C_1, & N_{c_i} = BS, i = 1 \\ C_{i+\mu}, & 2 \leqslant i \leqslant K \\ C_{i-m(K-1)+\mu}, & m(K-1)+1 < i < (m+1)(K-1)+2, m = 1,2,3,\cdots \end{cases} \quad (6-1)$$

其中，N_{c_i} 为从上到下排序后基站和路由节点对应的序号；K 为可用信道的总数；m 为调整因子，是从 1 开始的整数，使用的信道数达到 K 的倍数时自动增加 1；μ 为调节变量，μ 的初始值为 0，如果获得的信道与邻居节点的信道相同，则 μ 的值增加 1；$C(N_{c_i})$ 为节点 N_{c_i} 被分配的信道。

基于信道分配式（6-1）和图 6-2 的路由选择传输阶段网络拓扑，图 6-3 给出了基于图染色算法的路由节点初始信道分配示例。基站选择信道 C_1，假设可用信道的总数 $K =$

13。节点内标注的数字表示被分配的信道序号。路由节点按照图染色法被分配了不同的信道,由不同的颜色表示,比如节点 $N_{c_{17}}$ 的信道是 C_5。

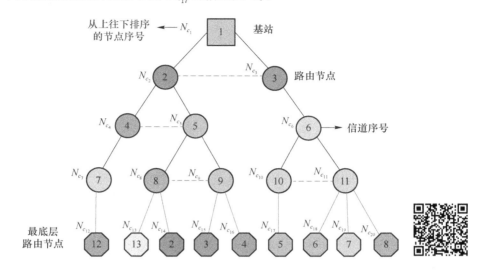

图 6-3　路由节点初始信道分配示例　　　彩图 6-3

路由节点与其中继节点数据通信时要提前按照调频技术切换到中继节点的信道。比如在第一个时隙,最底层路由节点将切换到自己相应的中继节点信道,如图 6-4 所示。例如节点 $N_{c_{18}}$、$N_{c_{19}}$ 和 $N_{c_{20}}$ 作为节点 $N_{c_{11}}$ 的子节点,数据通信前要切换到节点 $N_{c_{11}}$ 的信道。当数据通信时需要通过下述时隙分配,进一步给子节点分配时隙资源才能给其中继节点发送数据。

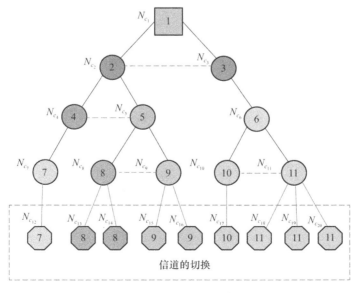

图 6-4　路由节点第一个时隙的信道切换示例　　　彩图 6-4

6.2.2 RSRT 的时隙分配

在 6.2.1 节 RSRT 的信道分配基础上,本节将介绍基于路由树的时隙分配算法,以得到单个周期的时隙分配表。通过信道和时隙联合资源调度,让数据尽量并行传输,确保本周期内的所有数据以最少的总时隙且无冲突地传输到基站。RSRT 时隙分配算法的主要思想:首先,根据物联网路由选择传输阶段的网络拓扑来构造路由树;然后,从基站开始,循环遍历路由树的所有分支,用深度优先算法找到路由树的每个分支上序号最小的叶子节点并分配相应的时隙;其次,从临时拓扑中删除已被分配时隙的叶子节点,同理循环执行算法给其他叶子节点分配时隙,直到所有节点都被分配相应的时隙;最后,得到单个周期内的时隙分配表。基于路由树的时隙分配如算法 6-1 所示。

算法 6-1　基于路由树的时隙分配算法

算法 6-1　基于路由树的时隙分配算法(RSRT)

1.　　**INPUT**:物联网节点数(Num)和路由树

2.　**OUTPUT**:单个周期内的时隙分配表 $SR(N_i, T_i)$

3.　复制网络拓扑到"临时拓扑"中

4.　$SR(N_i, T_i) \leftarrow \varnothing$

5.　$T_i \leftarrow 1$

6.　初始化所有路由树分支为"未遍历"

7.　$Num' \leftarrow Num$

8.　**while**$(Num' \neq 1)$**do**

9.　　　　**for**(存在"未遍历"的路由树分支)**do**

10.　　　　　　找到路由树的每个分支上序号最小的叶子节点 N_i

11.　　　　　　时隙 T_i 分配给节点 N_i

12.　　　　　　相应的时隙添加到调度 $SR(N_i, T_i)$中

13.　　　　　　相应的路由树分支被标记为"已遍历"

14.　　　　　　从临时拓扑中删除已被分配时隙的叶子节点 N_i

15.　　　　　　$Num' \leftarrow Num' - 1$

16.　　　　**end for**

17.　　　　$T_i \leftarrow T_i + 1$

18.　　　　重新初始化所有路由树分支为"未遍历"

19.　**end while**

20.　获得单个周期内的时隙分配表 $SR(N_i, T_i)$

21.　**return** $SR(N_i, T_i)$

基于路由树的时隙分配算法具体步骤如下。

S_1:根据路由传输阶段的网络拓扑来构造路由树。例如,基于图 6-2 的网络拓扑,其相应的路由树如图 6-5 所示。从下到上对路由节点和基站进行编号,并复制该网络拓扑到"临时拓扑"中。

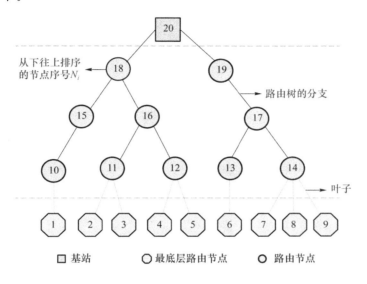

图 6-5　网络拓扑和路由树示例

S_2:设置时隙分配表的初始值为 $\varnothing$,即 $SR(N_i,T_i)\leftarrow\{\varnothing\}$。设置时隙初始值为1,即 $T_i\leftarrow1$。所有路由树分支都标记为"未遍历"。

S_3:设置一个临时"未分配时隙节点数"Num',设置初始值为 Num,即 $Num'\leftarrow Num$。其中,Num 是网络路由传输阶段的节点总数。

S_4:如果未分配时隙节点数,$Num'=1$,停止当前的时隙分配算法,并跳到 S_{10};否则执行 S_5。

S_5:从基站开始,对于路由树的每一个分支,用深度优先遍历算法找到序号最小的叶子节点 N_i。将时隙 T_i 分配给 N_i,并把分配信息添加到 $SR(N_i,T_i)$ 中,相应的路由树分支被标记为"已遍历"。

S_6:从"临时拓扑"中删除已被分配时隙的叶子节点 N_i,其他相应的路由树分支末尾节点则重新成为叶子节点。"未分配时隙节点数"减少 1,即 $Num'\leftarrow Num'-1$。

S_7:如果所有路由树分支都被标记为"已遍历",则跳到 S_8,否则跳到 S_5。

S_8:T_i 添加到时隙表 T,$T=\{T_1,T_2,\cdots,T_i\}$。分配时隙加 1,即 $T_i\leftarrow T_i+1$。

S_9:重新初始化所有路由树分支为"未遍历",并跳到 S_4。

S_{10}:获得并存储单个周期的时隙分配表 $SR(N_i,T_i)$。

针对图 6-5 的网络拓扑和路由树示例,图 6-6 给出了 RSRT 的时隙分配过程,其中彩色圆形表示每个时隙从"临时拓扑"中被删掉的叶子节点。时隙的分配是基于相邻的路由节点采用不同的信道进行通信,相邻节点间的数据传输互不干扰。首先按照深度优先遍历算法,节点 N_1、N_2、N_4、N_6 和 N_7 被分配第一个时隙(T_1),可在 T_1 时隙向它们的中继路由节点发送数据。兄弟节点不能同时发送数据,例如,节点 N_2 与 N_3 的中继节点都是 N_{11},如果它们同时传输数据则会产生主要冲突。同理,在 T_1 时隙因为传输冲突,节点 N_3、N_5、N_8 和 N_9 不能发送数据。当时隙 T_1 分配给节点 N_1、N_2、N_4、N_6 和 N_7 后,需要把这些节点从"临时拓扑"中删掉。同理,节点 N_3、N_5、N_8、N_{10} 和 N_{13} 被分配第二个时隙(T_2),可在 T_2 时隙向它们的中继节点发送数据。以此类推,最后一个节点 N_{19} 被分配时隙 T_7,可在 T_7 时隙向基站 N_{20} 发送数据。此时所有路由节点都被分配了时隙,也就完成了单个周期内时隙资源的分配。RSRT 中,路由节点只有在收到所有子节点的数据之后对其进行打包处理,并统一把数据发送给它的中继节点。RSRT 尽量让路由树上的节点数据并行传输。

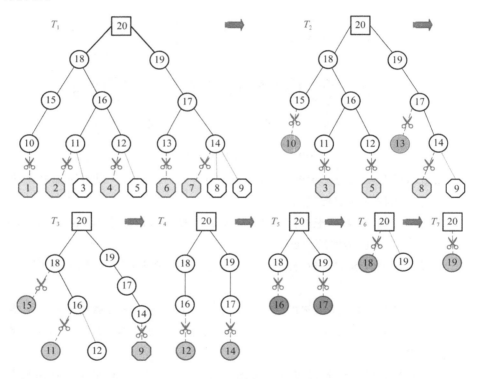

图 6-6 RSRT 时隙分配过程

RSRT 基于路由树的时隙分配算法在信道分配的基础上得到了单个周期的时隙分配表 $SR(N_i, T_i)$。基于图 6-6 给出的时隙分配过程,节点被分配的发送时隙如表 6-2 所示。其中,N_i 表示节点,T_i 表示被分配的时隙,$SR(N_i, T_i)$ 表示节点 N_i 被分配时隙 T_i,N_i 只能在时隙 T_i 向其中继节点发送数据,如节点 N_8 只能在被分配的时隙 T_2 向其中继节点发送数据。在本示例中,单个周期使用的时隙总数为 $T_{max} = 7$。

彩表 6-2

表 6-2　RSRT 时隙分配

节点	N_1	N_2	N_3	N_4	N_5	N_6	N_7	N_8	N_9	N_{10}	N_{11}	N_{12}	N_{13}	N_{14}	N_{15}	N_{16}	N_{17}	N_{18}	N_{19}
时隙	T_1	T_1	T_2	T_1	T_2	T_1	T_1	T_2	T_3	T_2	T_3	T_4	T_2	T_4	T_3	T_5	T_5	T_6	T_7

在 RSRT 中,路由节点按照图染色算法被分配了不同的信道,表 6-3 给出了初始信道分配以及信道时隙联合分配中节点在不同时隙信道切换的示例,不同的颜色代表不同的通道。当路由节点在某个时隙和其中继节点进行数据通信时,需要提前切换到中继节点的信道。C_{init} 表示节点被分配的初始信道,C_i 表示被切换后的当前信道,例如在时隙 T_3,节点 N_9 切换到其中继节点 N_{14} 的信道 C_{11},并用信道 C_{11} 与节点 N_{14} 进行数据通信。

彩表 6-3

表 6-3　RSRT 信道和时隙联合分配中信道切换示例

时隙	节点																			
	N_1	N_2	N_3	N_4	N_5	N_6	N_7	N_8	N_9	N_{10}	N_{11}	N_{12}	N_{13}	N_{14}	N_{15}	N_{16}	N_{17}	N_{18}	N_{19}	N_{20}
C_{init}	C_{12}	C_{13}	C_2	C_3	C_4	C_5	C_6	C_7	C_8	C_7	C_8	C_9	C_{10}	C_{11}	C_4	C_5	C_6	C_2	C_3	C_1
T_1	C_7	C_8		C_9		C_{10}	C_{11}			C_7	C_8	C_9	C_{10}	C_{11}						
T_2			C_8		C_9			C_{11}			C_4	C_8	C_9	C_6	C_{11}	C_4		C_6		
T_3									C_{11}		C_5			C_{11}	C_2	C_5		C_2		
T_4												C_5		C_6		C_5	C_6			
T_5																C_2	C_3	C_2	C_3	
T_6																		C_1		C_1
T_7																			C_1	C_1

6.3　UCDM

上述 RSRT 可保证单个周期内所有节点数据传输到基站所用的时隙数最少。但当在之后的连续周期中一直串行使用 RSRT 时隙分配算法时,由于节点数据需要等待一个完整的周期才能接着下一周期的数据传输,资源调度性能会有所下降。

本节在 RSRT 的基础上进行改进,介绍基于检测矩阵的非均匀分簇物联网资源调度方案(UCDM)。UCDM 利用时隙重叠来缩短相邻周期之间的时隙间隔,从而避免数据被串行调度而浪费时隙资源。UCDM 的主要思想是在 RSRT 的基础上,通过计算检测矩阵得到非重叠时隙上限 U,并用 U 来确定相邻周期的最小时隙间隔。在保证节点数据传输不发生冲突的前提下,利用时隙复用技术提高物联网时隙利用率和整体传输效率。下面给出了 UCDM 中用到的冲突矩阵、传输矩阵和检测矩阵的定义。

定义 6-1　冲突矩阵(Conflict Matrix,CMX)是根据非均匀分簇、路由树和通信干扰模型建立的。**CMX** 为 Num-1 阶矩阵,其中 Num 表示路由选择传输中的节点总数,冲突矩阵的元素 CMX_{ij} 表示节点 N_i 和 N_j 在数据传输中是否相互干扰。定义如下:

$$CMX_{ij} = \begin{cases} 1, & \text{节点 } N_i \text{ 和 } N_j \text{ 相互干扰} \\ 0, & \text{其他} \end{cases} \tag{6-2}$$

若 CMX_{ij} 的值为 1,则表示节点 N_i 和 N_j 在数据传输中存在相互干扰的情况;若 CMX_{ij} 的值为 0,则表示节点 N_i 和 N_j 在数据传输中不存在相互干扰的情况。根据式(6-2),基于网络拓扑图 6-5,可获得冲突矩阵 **CMX**,如下:

$$\mathbf{CMX} = \begin{bmatrix}
1 & 0 & 0 & 0 & 0 & 0 & 0 & 0 & 0 & 1 & 0 & 0 & 0 & 0 & 0 & 0 & 0 & 0 & 0 & 0 \\
0 & 1 & 1 & 0 & 0 & 0 & 0 & 0 & 0 & 0 & 1 & 0 & 0 & 0 & 0 & 0 & 0 & 0 & 0 & 0 \\
0 & 0 & 1 & 0 & 0 & 0 & 0 & 0 & 0 & 0 & 1 & 0 & 0 & 0 & 0 & 0 & 0 & 0 & 0 & 0 \\
0 & 0 & 0 & 1 & 1 & 0 & 0 & 0 & 0 & 0 & 1 & 0 & 0 & 0 & 0 & 0 & 0 & 0 & 0 & 0 \\
0 & 0 & 0 & 0 & 1 & 0 & 0 & 0 & 0 & 0 & 1 & 0 & 0 & 0 & 0 & 0 & 0 & 0 & 0 & 0 \\
0 & 0 & 0 & 0 & 1 & 0 & 0 & 0 & 0 & 0 & 1 & 0 & 0 & 0 & 0 & 0 & 0 & 0 & 0 & 0 \\
0 & 0 & 0 & 0 & 0 & 0 & 1 & 1 & 1 & 0 & 0 & 0 & 1 & 0 & 0 & 0 & 0 & 0 & 0 & 0 \\
0 & 0 & 0 & 0 & 0 & 0 & 0 & 1 & 1 & 0 & 0 & 0 & 1 & 0 & 0 & 0 & 0 & 0 & 0 & 0 \\
0 & 0 & 0 & 0 & 0 & 0 & 0 & 0 & 1 & 0 & 0 & 0 & 1 & 0 & 0 & 0 & 0 & 0 & 0 & 0 \\
0 & 0 & 0 & 0 & 0 & 0 & 0 & 0 & 0 & 1 & 0 & 0 & 0 & 0 & 1 & 0 & 0 & 0 & 0 & 0 \\
0 & 0 & 0 & 0 & 0 & 0 & 0 & 0 & 0 & 0 & 1 & 1 & 0 & 0 & 1 & 0 & 0 & 0 & 0 & 0 \\
0 & 0 & 0 & 0 & 0 & 0 & 0 & 0 & 0 & 0 & 0 & 1 & 0 & 0 & 1 & 0 & 0 & 0 & 0 & 0 \\
0 & 0 & 0 & 0 & 0 & 0 & 0 & 0 & 0 & 0 & 0 & 0 & 1 & 1 & 0 & 0 & 1 & 0 & 0 & 0 \\
0 & 0 & 0 & 0 & 0 & 0 & 0 & 0 & 0 & 0 & 0 & 0 & 0 & 1 & 1 & 0 & 1 & 0 & 0 & 0 \\
0 & 0 & 0 & 0 & 0 & 0 & 0 & 0 & 0 & 0 & 0 & 0 & 0 & 0 & 1 & 0 & 1 & 0 & 0 & 0 \\
0 & 0 & 0 & 0 & 0 & 0 & 0 & 0 & 0 & 0 & 0 & 0 & 0 & 0 & 0 & 1 & 1 & 0 & 1 & 0 \\
0 & 0 & 0 & 0 & 0 & 0 & 0 & 0 & 0 & 0 & 0 & 0 & 0 & 0 & 0 & 0 & 1 & 0 & 1 & 0 \\
0 & 0 & 0 & 0 & 0 & 0 & 0 & 0 & 0 & 0 & 0 & 0 & 0 & 0 & 0 & 0 & 0 & 1 & 0 & 1 \\
0 & 0 & 0 & 0 & 0 & 0 & 0 & 0 & 0 & 0 & 0 & 0 & 0 & 0 & 0 & 0 & 0 & 0 & 1 & 1 \\
0 & 0 & 0 & 0 & 0 & 0 & 0 & 0 & 0 & 0 & 0 & 0 & 0 & 0 & 0 & 0 & 0 & 0 & 0 & 1
\end{bmatrix}$$

定义 6-2 传输矩阵(Transfer Matrix,TMX)是根据路由树和 RSRT 时隙分配表建立的,用来记录每个节点在单个周期中的时隙分配。**TMX** 是 $(Num-1) \times T_{max}$ 阶矩阵,其中 T_{max} 表示 RSRT 得到的单个周期时隙分配表 $SR(N_i, T_i)$ 中的时隙总数。传输矩阵的元素 TMX_{ij} 表示节点 N_i 是否利用时隙 T_j 进行数据传输,定义如下:

$$TMX_{ij} = \begin{cases} 1, & \text{节点 } N_i \text{ 在时隙 } T_j \text{ 传输数据} \\ 0, & \text{其他} \end{cases} \tag{6-3}$$

若 TMX_{ij} 的值为 1,则表示节点 N_i 利用时隙 T_j 进行数据传输;若 TMX_{ij} 值为 0,则表示无数据传输。根据传输矩阵可以得到中间变量传输矩阵 $\mathbf{TMX}'$,设置初始值 $\mathbf{TMX}' \leftarrow$

TMX。删除 **TMX**$'$ 最右边的一列,并在最左边增加一列零向量得到新的 **TMX**$'$。中间变量传输矩阵将应用于后续检测矩阵(定义 6-3)的计算。

基于图 6-5 中的网络拓扑,根据表 6-2 的 RSRT 单个周期时隙分配,可获得传输矩阵 **TMX**。**TMX** 第一次向右移动一列,得到中间变量传输矩阵 **TMX**$'_1$。第二次向右移动一列得到中间变量传输矩阵 **TMX**$'_2$。

$$
\mathbf{TMX}=\begin{bmatrix}
1&0&0&0&0&0&0\\
1&0&0&0&0&0&0\\
0&1&0&0&0&0&0\\
1&0&0&0&0&0&0\\
0&1&0&0&0&0&0\\
1&0&0&0&0&0&0\\
1&0&0&0&0&0&0\\
0&1&0&0&0&0&0\\
0&0&1&0&0&0&0\\
0&1&0&0&0&0&0\\
0&0&0&1&0&0&0\\
0&1&0&0&0&0&0\\
0&0&0&1&0&0&0\\
0&0&1&0&0&0&0\\
0&0&0&1&0&0&0\\
0&0&0&1&0&0&0\\
0&0&1&0&0&0&0\\
0&0&0&0&1&0&0\\
0&0&0&0&0&1&0\\
0&0&0&0&0&0&1
\end{bmatrix},\
\mathbf{TMX}'_1=\begin{bmatrix}
0&1&0&0&0&0&0\\
0&1&0&0&0&0&0\\
0&0&1&0&0&0&0\\
0&1&0&0&0&0&0\\
0&0&1&0&0&0&0\\
0&1&0&0&0&0&0\\
0&1&0&0&0&0&0\\
0&0&1&0&0&0&0\\
0&0&0&1&0&0&0\\
0&0&1&0&0&0&0\\
0&0&0&0&1&0&0\\
0&0&1&0&0&0&0\\
0&0&0&0&1&0&0\\
0&0&0&1&0&0&0\\
0&0&0&0&1&0&0\\
0&0&0&0&1&0&0\\
0&0&0&1&0&0&0\\
0&0&0&0&0&1&0\\
0&0&0&0&0&0&1\\
0&0&0&0&0&0&0
\end{bmatrix},\
\mathbf{TMX}'_2=\begin{bmatrix}
0&0&1&0&0&0&0\\
0&0&1&0&0&0&0\\
0&0&0&1&0&0&0\\
0&0&1&0&0&0&0\\
0&0&0&1&0&0&0\\
0&0&1&0&0&0&0\\
0&0&1&0&0&0&0\\
0&0&0&1&0&0&0\\
0&0&0&0&1&0&0\\
0&0&0&1&0&0&0\\
0&0&0&0&0&1&0\\
0&0&0&1&0&0&0\\
0&0&0&0&0&1&0\\
0&0&0&0&1&0&0\\
0&0&0&0&0&1&0\\
0&0&0&0&0&1&0\\
0&0&0&0&1&0&0\\
0&0&0&0&0&0&1\\
0&0&0&0&0&0&0\\
0&0&0&0&0&0&0
\end{bmatrix}
$$

定义 6-3　检测矩阵(Detection Matrix,DMX)是通过冲突矩阵和传输矩阵得到的,用来检测在连续周期的时隙分配过程中是否存在传输干扰。检测矩阵 **DMX** 为(Num－1)×$T_{\max}$阶矩阵,通过式(6-4)不断迭代更新获得。检测矩阵的元素 DMX_{ij} 表示节点 N_i 在时隙 T_j 是否与其他节点传输冲突。

$$\mathrm{DMX}_{ij}=\sum_{k=i}^{j}\mathrm{CMX}_{ik}\times\mathrm{TMX}'_{kj} \tag{6-4}$$

$$\mathrm{DMX}_{ij}=\begin{cases}!\ (0||1),&\text{节点 }N_i\text{ 在时隙 }T_j\text{ 与其他节点传输冲突}\\0||1,&\text{其他}\end{cases} \tag{6-5}$$

当检测矩阵的元素 DMX_{ij} 的值不等于 0 或 1 时,表示节点 N_i 在时隙 T_j 与其他节之间存在通信干扰。当计算得到的检测矩阵中有元素 DMX_{ij} 大于 1 时，传输矩阵 **TMX** 向右移动，得到中间变量传输矩阵 **TMX′**，并继续按照式（6-4）更新检测矩阵 **DMX**，直到 DMX_{ij} 都为 0 或 1 时，矩阵计算停止。计算的次数就是非重叠时隙上限 U，U 是连续周期中所需的时隙间隔，在相邻的周期中，U 个时隙之后可以重复使用时隙。最后根据 U 得到连续周期的时隙分配表 $S(N_i, TR_i)$。

基于图 6-5 中的网络拓扑，根据上述方式计算得到 UCDM 的检测矩阵 **DMX**，如表 6-4 所示。当 $U=\{1,2,3\}$ 时，**DMX** 的某些元素大于 1；当 $U=4$ 时，DMX_{ij} 都等于 0 或 1，表示节点之间已无传输干扰。因此，$U=4$ 是连续周期中的时隙间隔。相邻的周期在 U 个时隙之后可复用上一周期的时隙进行数据传输。

表 6-4　UCDM 的检测矩阵

$U=1$							$U=2$							$U=3$							$U=4$						
1	2	1	0	0	0	0	1	1	1	1	0	0	0	1	1	0	1	1	0	0	1	1	0	0	1	1	0
1	2	2	1	0	0	0	1	1	2	1	1	0	0	1	1	1	1	1	1	0	1	1	1	0	1	1	1
0	1	2	1	0	0	0	0	1	1	1	1	0	0	0	1	1	0	1	1	0	0	1	1	0	0	1	1
1	2	1	1	1	0	0	1	1	1	2	0	1	0	1	1	0	2	1	0	1	1	1	0	1	1	1	0
0	1	1	1	1	0	0	0	1	1	1	1	1	0	0	1	1	0	1	0	1	0	1	1	0	1	1	1
1	2	1	0	0	0	0	1	1	1	1	0	0	0	1	1	0	1	1	0	0	1	1	0	0	1	1	0
1	2	2	1	0	0	0	1	1	2	2	1	1	0	1	1	1	2	1	0	1	1	1	1	1	1	1	1
0	1	2	2	1	0	0	0	1	1	2	1	1	0	0	1	1	1	1	1	1	0	1	1	1	0	1	1
0	0	1	2	2	1	0	0	0	1	1	1	1	1	0	0	1	1	0	1	1	0	0	1	1	0	0	1
0	1	2	1	0	0	0	0	1	1	1	1	0	0	0	1	1	0	1	1	0	0	1	1	0	0	1	1
0	0	1	2	2	1	0	0	0	1	1	2	1	1	0	0	1	1	0	1	1	0	0	1	1	1	0	1
0	0	0	1	2	1	0	0	0	0	1	1	1	1	0	0	1	0	1	2	0	0	0	1	1	0	0	0
0	1	1	1	2	1	0	0	1	0	2	1	1	0	0	1	0	1	2	0	1	0	1	0	1	1	1	0
0	0	1	1	1	2	1	0	0	1	1	2	1	1	0	0	1	0	1	2	0	0	0	1	0	1	1	1
0	0	0	1	1	2	1	0	0	0	0	1	1	1	0	0	0	1	0	1	1	0	0	0	1	0	1	1
0	0	0	0	1	1	1	0	0	0	0	1	0	2	0	0	0	0	1	0	1	0	0	0	0	1	0	1
0	0	0	0	0	1	2	0	0	0	0	0	0	1	0	0	0	0	0	1	1	0	0	0	0	0	1	1
0	0	0	0	0	0	1	0	0	0	0	0	0	1	0	0	0	0	0	0	1	0	0	0	0	0	0	1

基于检测矩阵的资源调度在上述 RSRT 的基础上，利用时隙的重叠来缩短相邻周期之间的间隔，并得到最终的连续周期的时隙分配表 $S(N_i, TR_i)$。UCDM 如算法 6-2 所示。

算法 6-2 基于检测矩阵的非均匀分簇物联网资源调度算法

算法 6-2 基于检测矩阵的非均匀分簇物联网资源调度算法(UCDM)

---

1. **INPUT**:信道分配表和单个周期内的时隙分配表 $SR(N_i, T_i)$

2. **OUTPUT**:最终连续周期内的时隙分配表 $S(N_i, TR_i)$

3. // 建立冲突矩阵

4. **for** $i \leftarrow 0$ to Num **do**

5.   **for** $j \leftarrow 0$ to Num **do**

6.   **if** 节点 N_i 和 N_j 互相干扰 **then**

7. $\mathbf{CMX}[i][j] \leftarrow 1$

8.   **else**

9. $\mathbf{CMX}[i][j] \leftarrow 0$

10.   **end if**

11.   **end for**

12. **end for**

13. //建立传输矩阵

14. **for** $i \leftarrow 0$ to Num **do**

15.   **for** $j \leftarrow 0$ to $T_{\max}$ **do**

16.   **if** 节点 N_i 在时隙 T_j 传输数据 **then**

17. $\mathbf{TMX}[i][j] \leftarrow 1$

18.   **else**

19. $\mathbf{TMX}[i][j] \leftarrow 0$

20.   **end if**

21.   **end for**

22. **end for**

23. // 建立检测矩阵

24. $\mathbf{TMX}' \leftarrow \mathbf{TMX}$

25. $U \leftarrow 0$

26. $DMX_{ij} \leftarrow \{2\}$

27. **while** Max(DMX_{ij})>1 **do**

28.   **for** $i \leftarrow 0$ to Num **do**

29. $\mathbf{TMX}'[i][0] \leftarrow 0$

30.   **for** $j \leftarrow 0$ to $T_{\max}$ **do**

31. $\mathbf{TMX}'[i][j] \leftarrow \mathbf{TMX}'[i][j-1]$

32.   **end for**

33.   **end for**

续 表

算法 6-2 基于检测矩阵的非均匀分簇物联网资源调度算法（UCDM）

34. $\qquad DMX_{ij} = \sum_{k=1}^{j} CMX_{ik} \times TMX'_{kj}$

35. $\qquad U \leftarrow U+1$

36. **end while**

37. 根据 U 和 $SR(N_i, T_i)$，获得最终连续周期时隙分配表 $S(N_i, TR_i)$

38. **return** $S(N_i, TR_i)$

UCDM 的具体步骤如下。

S_1：通过 RSRT 获得信道分配和单个周期的时隙分配表 $SR(N_i, T_i)$。

S_2：根据定义 6-1，计算冲突矩阵 **CMX**。

S_3：根据定义 6-2，计算传输矩阵 **TMX**。

S_4：设置中间变量传输矩阵初始值 $TMX' \leftarrow TMX$；设置非重叠时隙上限初始值 $U \leftarrow 0$；设置检测矩阵初始值 $DMX \leftarrow \{2\}$。

S_5：删除矩阵 TMX' 最右边的列，并将零向量与最左边列中相同数量的行进行拼接。

S_6：根据定义 6-3，计算检测矩阵 **DMX**。

S_7：如果检测矩阵中存在元素 DMX_{ij} 大于 1，则 $U = U+1$，跳至 S_5。否则，跳到 S_8。

S_8：在 U 个时隙之后，可以重复使用部分相邻周期时隙。根据单个周期时隙分配表 $SR(N_i, T_i)$ 和 U，得到多个连续周期的最终时隙分配表 $S(N_i, TR_i)$。

RSRT 中，根据表 6-2 的时隙分配可知，连续 6 个周期时（$R=6$）的总时隙数 TR_{max} 为 42（$T_{max}=7$，$TR_{max}=7 \times 6=42$）。在 UCDM 中得出 U，以利用时隙的复用来减少相邻周期之间的时隙间隔。表 6-4 中得出 $U=4$。在每个周期中复用（$T_{max}-U$）个时隙。表 6-5 显示了 UCDM 中连续 6 个周期的时隙复用示例，从表 6-5 中可以看出每个周期中可复用 3 个（$T_{max}-U=3$）时隙。

表 6-5　UCDM 连续 6 个周期的时隙复用示例

时隙 / 周期	TR$_1$	TR$_2$	TR$_3$	TR$_4$	TR$_5$	TR$_6$	TR$_7$	TR$_8$	TR$_9$	TR$_{10}$	TR$_{11}$	TR$_{12}$	TR$_{13}$	TR$_{14}$	TR$_{15}$	TR$_{16}$	TR$_{17}$	TR$_{18}$	TR$_{19}$	TR$_{20}$	TR$_{21}$	TR$_{22}$	TR$_{23}$	TR$_{24}$	TR$_{25}$	TR$_{26}$	TR$_{27}$
1	T_1	T_2	T_3	T_4	T_5	T_6	T_7																				
2					T_1	T_2	T_3	T_4	T_5	T_6	T_7																
3									T_1	T_2	T_3	T_4	T_5	T_6	T_7												
4													T_1	T_2	T_3	T_4	T_5	T_6	T_7								
5																	T_1	T_2	T_3	T_4	T_5	T_6	T_7				
6																					T_1	T_2	T_3	T_4	T_5	T_6	T_7

表 6-6 显示了 UCDM 中连续 6 个周期的最终时隙分配表。当 $R=6$ 时,时隙总数为 27 ,即 $TR_{max}=27$ 。UCDM 在连续 6 个周期中比 RSRT 节省时隙 35.7%。在 UCDM 中,非重叠时隙上限 U 与网络的拓扑结构和路由树有关, U 越少,在连续周期中节省的时隙就越多。UCDM 通过信道和时隙联合调度,可提高物联网时隙利用率和网络吞吐量。

表 6-6　UCDM 连续 6 个周期的时隙分配表

节点 / 周期	N_1	N_2	N_3	N_4	N_5	N_6	N_7	N_8	N_9	N_{10}	N_{11}	N_{12}	N_{13}	N_{14}	N_{15}	N_{16}	N_{17}	N_{18}	N_{19}
1	TR_1	TR_1	TR_2	TR_1	TR_2	TR_1	TR_1	TR_2	TR_3	TR_2	TR_3	TR_4	TR_2	TR_4	TR_3	TR_5	TR_5	TR_6	TR_7
2	TR_5	TR_5	TR_6	TR_5	TR_6	TR_5	TR_5	TR_6	TR_7	TR_6	TR_7	TR_8	TR_6	TR_8	TR_7	TR_9	TR_9	TR_{10}	TR_{11}
3	TR_9	TR_9	TR_{10}	TR_9	TR_{10}	TR_9	TR_9	TR_{10}	TR_{11}	TR_{10}	TR_{11}	TR_{12}	TR_{10}	TR_{12}	TR_{11}	TR_{13}	TR_{13}	TR_{14}	TR_{15}
4	TR_{13}	TR_{13}	TR_{14}	TR_{13}	TR_{14}	TR_{13}	TR_{13}	TR_{14}	TR_{15}	TR_{14}	TR_{15}	TR_{16}	TR_{14}	TR_{16}	TR_{15}	TR_{17}	TR_{17}	TR_{18}	TR_{19}
5	TR_{17}	TR_{17}	TR_{18}	TR_{17}	TR_{18}	TR_{17}	TR_{17}	TR_{18}	TR_{19}	TR_{18}	TR_{19}	TR_{20}	TR_{18}	TR_{20}	TR_{19}	TR_{21}	TR_{21}	TR_{22}	TR_{23}
6	TR_{21}	TR_{21}	TR_{22}	TR_{21}	TR_{22}	TR_{21}	TR_{21}	TR_{22}	TR_{23}	TR_{22}	TR_{23}	TR_{24}	TR_{22}	TR_{24}	TR_{23}	TR_{25}	TR_{25}	TR_{26}	TR_{27}

6.4　理　论　分　析

定理 6-1　在路由选择传输阶段,整个网络连续周期的总时隙 TR_{max} 的计算如式(6-6)所示。当网络总周期数 R 趋于无穷大时,网络的平均时隙约等于 TR_{AVG} ,计算如式(6-7)所示。

$$TR_{max}=R \times U+T_{max}-U \tag{6-6}$$

$$TR_{AVG} \approx U \tag{6-7}$$

其中, T_{max} 为由 RSRT 获得的单个周期的总时隙; U 为 UCDM 获得的非重叠时隙上限; R 为网络的连续周期数。

证明:在 UCDM 中,利用时隙的重叠减少相邻周期时隙间隔,提高网络时隙利用率和整体传输效率。通过资源调度优化, $(T_{max}-U)$ 个时隙在相邻周期之间被复用。整个网络连续周期的总时隙如式(6-8)所示。

$$
\begin{aligned}
TR_{max} &= R \times T_{max}-(R-1) \times (T_{max}-U) \\
&= R \times U+T_{max}-U
\end{aligned} \tag{6-8}
$$

所以整个网络连续周期的总时隙为 $TR_{max}=R \times U+T_{max}-U$ 成立。进一步得到平均周期的时隙 TR_{AVG} 如下式:

$$TR_{AVG}=\frac{R \times U+T_{max}-U}{R} \tag{6-9}$$

当总周期数 R 趋于无穷大时, TR_{AVG} 如式(6-10)所示。

$$\lim_{R \to \infty} TR_{AVG} = \lim_{R \to \infty} \left(\frac{R \times U + T_{max} - U}{R} \right)$$
$$= U \tag{6-10}$$

所以在路由选择传输阶段,网络的平均时隙 $TR_{max} \approx U$ 成立。

通过定理 6-1 可以看出,UCDM 中 U 越小,整个网络连续周期的总时隙越少。当连续的周期数很大时,网络的平均时隙约等于 U。

定理 6-2 当网络周期数 R 趋于无穷大时,在路由选择传输阶段,整个网络的平均吞吐量 TP 如式(6-11)所示。

$$TP \approx \frac{(Num-1) \times d}{U \times \Delta t} \tag{6-11}$$

其中,d 为单个周期中每个节点传输的数据的长度;Num 为在路由选择传输阶段,节点的总数;Δt 为单位时隙的长度调节变量。

证明: UCDM 的单个周期内,底层的每个路由节点接收第一层簇头节点的数据后打包为一个数据包发送给其中继节点。路由节点收到的所有子节点的数据打包后也进行一次性传输。假设每个路由节点的数据都可以在一个时隙内完成其数据的传输。UCDM 中单位周期中的吞吐量 TP_u 如式(6-12)所示。

$$TP_u = \frac{(Num-1) \times d}{T_{max} \times \Delta t} \tag{6-12}$$

对于连续周期,UCDM 中利用时隙的重叠来缩短相邻周期之间的间隔,整个网络在连续 R 个周期的吞吐量 TP_R 如式(6-13)所示。

$$TP_R = \frac{R \times (Num-1) \times d}{[R \times T_{max} - (R-1) \times (T_{max} - U)] \times \Delta t} \tag{6-13}$$

当周期 R 趋于无穷大时,得出网络吞吐量 TP_R 如式(6-14)所示。

$$\lim_{R \to \infty} TP_R = \lim_{R \to \infty} \left(\frac{R \times (Num-1) \times d}{[R \times T_{max} - (R-1) \times (T_{max} - U)] \times \Delta t} \right)$$
$$= \lim_{R \to \infty} \left(\frac{R \times (Num-1) \times d}{(R \times U + T_{max} - U) \times \Delta t} \right)$$
$$= \frac{(Num-1) \times d}{U \times \Delta t} \tag{6-14}$$

所以当 R 趋于无穷大时,在路由选择传输阶段,整个网络的平均吞吐量 $TP \approx \frac{(Num-1) \times d}{U \times \Delta t}$ 成立。

通过定理 6-2 可以看出,UCDM 中,当节点单个周期传输的数据总量确定时,U 越小,平均网络吞吐量越高。

6.5 实验验证及分析

针对基站离数据采集区域较远的异构物联网,本章介绍了基于检测矩阵的资源调度方案。路由节点主要负责数据打包和路由传输，并以多跳方式把数据发送到基站。表 6-7 给出了 UCDM 的实验仿真参数，10～50 个路由节点在 1 000 m×1 000 m 的范围内分布。

表 6-7　UCDM 的实验仿真参数

参数	值
范围	1 000 m×1 000 m
节点数	10～50
初始能量	5 J
单位数据长度 d	32 B
E_{elce}	50 nJ/bit
ε_{fs}	10 pJ/(bit·m²)
ε_{mp}	0.001 3 pJ/(bit·m⁴)
E_{DA}	5 nJ/(bit·signal)
Δt（单位时隙长度）	0.01 s

在 UCDM 中，首先根据路由传输阶段的网络拓扑来构造路由树。例如，基于图 6-5 的网络拓扑，用 MATLAB 仿真生成的路由树如图 6-7 所示。基于路由树，节点从下往上对进行编号，共有 20 个节点。最底层的路由节点负责接收第一层簇头节点发送的数据，并打包转发给中继节点。

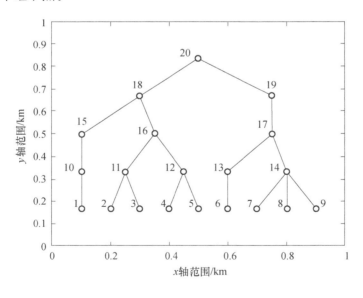

图 6-7　UCDM 的路由树示例

基于图 6-7 的路由树，UCDM 连续 3 个周期内信道和时隙分配示例如图 6-8 所示。不同的颜色代表节点被分配的初始信道不同，T_i 表示被分配的时隙。按照 UCDM，相邻的周期中，时隙在 U 个时隙之后可以复用，所以连续的周期越多，时隙利用率会越高。

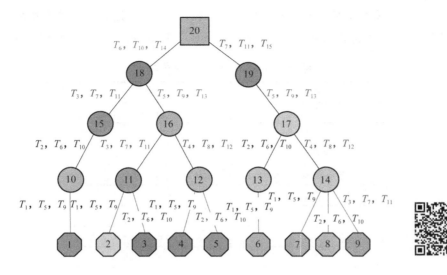

图 6-8　UCDM 信道和时隙分配示例　　　　彩图 6-8

图 6-9 显示了 UCDM 中不同 U 时,使用的平均总时隙的变化。单个周期内的时隙总数 T_{max} 由 RSRT 获得,整个网络连续周期的总时隙由 UCDM 获得。UCDM 的相邻周期可在 U 个时隙之后复用上一周期的时隙。U 与节点分布和路由树有关,U 越少,则连续周期中节省的时隙越多。当周期 R 固定时,随着 T_{max} 和 U 增加,总时隙会增加;当 T_{max} 固定时,随着 R 和 U 增加,总时隙增加。

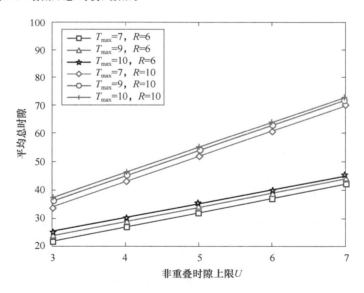

图 6-9　UCDM 在不同 U 时的平均总时隙

图 6-10 显示了 UCDM 中 U 从 3 到 7 时平均网络吞吐量的变化。根据定理 6-2,当网络连续运行周期数足够大时,吞吐量与节点数量、U 和单位数据长度等因素有关,单个周

期内的时隙总数 T_{max} 和 R 对网络吞吐量的影响很小。UCDM 中,当网络节点数(Num＝20)和单位数据长度固定时,随着 U 的增加,平均网络吞吐量会减少。

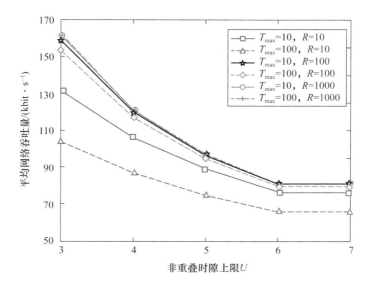

图 6-10 UCDM 在不同 U 的情况下的平均网络吞吐量

图 6-11 显示了 UCDM 中节点数量从 10 增加到 50,周期 R 从 1 增加到 8 时,使用的连续周期中平均总时隙。一般当路由节点总数增多时,单个周期内的时隙总数 T_{max} 和非重叠时隙上限 U 也相对增加,总时隙随着节点总数和网络运行周期数的增加而增加。但是当路由树的高度相对稳定时,随着节点数增加,总时隙数增加幅度将不明显。

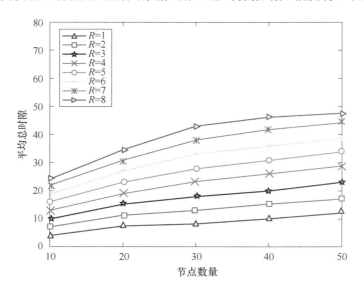

图 6-11 UCDM 不同周期中平均总时隙

在 UCDM 中,通过检测矩阵计算网络连续周期的时隙分配,使用时隙重叠以减少相邻两个周期之间的时隙间隔,提高网络的时隙利用率和整体传输效率。PEGASIS 是传统的基于传输链的路由协议[194],每个节点将融合其邻居节点的数据和自己的数据一起生成一个数据包,将其传输到中继节点。在基于分簇和 PEGASIS 的数据采集算法(DGPA)[186]中,簇头节点作为传输链上的节点,分为左右传输链,同时向基站传输数据,以减少传输时间。图 6-12 显示了不同算法的平均总时隙,DGPA 因为传输链过长,所用的总时隙数较大。UCDM 在 RSRT 基础上通过复用时隙来优化调度,大大提高了时隙的利用率。UCDM 与 RSRT 和 DGPA 相比总时隙明显减少。UCDM 与 RSRT 相比,当 $R=4$ 时,平均总时隙减少 27.6%;当 $R=8$ 时,平均总时隙减少 35.2%。按照 UCDM,连续的周期越多,时隙复用率会越高。

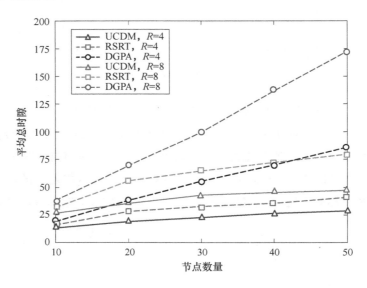

图 6-12　不同算法的平均总时隙

图 6-13 直观地展示了 UCDM、RSRT 和 DGPA 的平均网络吞吐量。实验结果表明,在单个周期中传输的数据包总数和单位数据长度确定时,UCDM 与 DGPA 和 RSRT 相比,UCDM 的平均网络吞吐量显著提高。从图 6-13 中可以观察到,网络运行周期 R 对于网络吞吐量的影响不大。在没有达到网络拥塞的前提下,在 UCDM 中,随着网络节点数的增大,网络吞吐量也随之明显增加。但是 DGPA 和 RSRT 随着网络节点数的增大,网络吞吐量增加不明显。

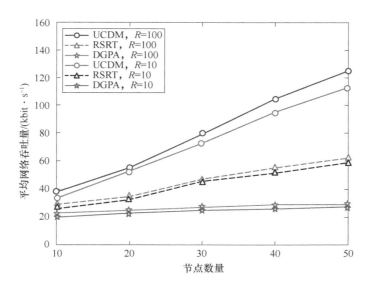

图 6-13 不同算法的平均网络吞吐量

6.6 本章小结

本章介绍了基于检测矩阵的非均匀分簇物联网资源调度方案(UCDM)。首先通过基于路由树的资源调度(RSRT)获得信道分配和单个周期的时隙分配,确保单个周期内的数据以最少的时隙无冲突地传输到基站。但如果在后期的周期中连续串行使用 RSRT,由于节点数据需要等待一个完整的周期才能进入下一个周期进行数据传输,调度性能变差。所以本章在 RSRT 的基础上,进一步介绍了 UCDM。在 UCDM 中,根据冲突矩阵和传输矩阵得到检测矩阵,并确定连续周期调度的最小时隙间隔,利用时隙重叠来缩短相邻周期之间的时隙间隔,以及时隙复用技术提高物联网的时隙利用率和整体传输效率。

参 考 文 献

[1] 陈子荐. 物联网共性平台研发与应用[D]. 北京:北京邮电大学,2021.

[2] Asghari P, Rahmani A M, Javadi H H S. Internet of things applications: a systematic review[J]. Computer Networks,2019,148: 241-261.

[3] Akhtar N, Rahman S, Sadia H, et al. A holistic analysis of medical internet of things(MIoT)[J]. Journal of Information and Computational Science,2021,11(4): 209-222.

[4] Philip N Y, Rodrigues J J P C, Wang H, et al. Internet of things for in-home health monitoring systems: current advances, challenges and future directions[J]. IEEE Journal on Selected Areas in Communications,2021,39(2): 300-310.

[5] Gupta N, Khosravy M, Patel N, et al. Economic data analytic AI technique on IoT edge devices for health monitoring of agriculture machines[J]. Applied Intelligence, 2020,50(11): 3990-4016.

[6] de Souza P S S, Rubin F P, Hohemberger R, et al. Detecting abnormal sensors via machine learning: an IoT farming WSN-based architecture case study[J]. Measurement, 2020,164: 108042.

[7] Gupta N, Khosravy M, Patel N, et al. Economic data analytic AI technique on IoT edge devices for health monitoring of agriculture machines[J]. Applied Intelligence, 2020,50(11): 3990-4016.

[8] Lampropoulos G, Siakas K, Anastasiadis T, et al. Internet of things in the context of industry 4. 0: an overview[J]. International Journal of Entrepreneurial Knowledge, 2019,7: 4-19.

[9] Javaid M, Haleem A, Singh R P, et al. Upgrading the manufacturing sector via applications of industrial internet of things(IIoT)[J]. Sensors International,2021, 2: 100129.

[10] Dhingra S, Madda R B, Patan R, et al. Internet of things-based fog and cloud computing technology for smart traffic monitoring[J]. Internet of Things,2021, 14: 100175.

[11] Cesarano L, Croce A, Martins L D C, et al. A real-time energy-saving mechanism in internet of vehicles systems[J]. IEEE Access, 2021, 9: 157842-157858.

[12] 郭纪良. 物联网无线传感器网络在粮情监测中的应用研究[J]. 电子元器件与信息技术, 2018, 2(1): 6-10.

[13] Salam A. Internet of things for sustainable forestry[M]. Internet of Things for Sustainable Community Development. Cham: Springer, 2020: 147-181.

[14] Sungheetha A, Sharma R. Real time monitoring and fire detection using internet of things and cloud based drones[J]. Journal of Soft Computing Paradigm, 2020, 2(3): 168-174.

[15] Reuter M A. Digitalizing the circular economy: circular economy engineering defined by the metallurgical internet of things[J]. Metallurgical and Materials Transactions B, 2016, 47(6): 3194-3220.

[16] Liu Q, Zhu Y, Yuan X, et al. Internet of things health detection system in steel structure construction management[J]. IEEE Access, 2020, 8: 147162-147172.

[17] Olatinwo S O, Joubert T H. Energy efficiency maximization in a wireless powered IoT sensor network for water quality monitoring[J]. Computer Networks, 2020, 176: 107237.

[18] Kakkar V. Scheduling techniques for operating systems for medical and IoT devices: a review[J]. Global Journal of Computer Science and Technology, 2017 (1): 8-26.

[19] Malik S, Kim D H. A hybrid scheduling mechanism based on agent cooperation mechanism and fair emergency first in smart factory[J]. IEEE Access, 2020, 8: 227064-227075.

[20] 周晨曦. 基于多业务场景的窄带物联网资源调度算法研究[D]. 北京: 北京邮电大学, 2021.

[21] NTIA. Green paper: fostering the advancement of the Internet of Things[R/OL]. (2017-05-31). https://www.ntia.doc.gov/other-publication/green-paper-fostering-advancement-internet-things.

[22] 《工业物联网互联互通白皮书》在无锡发布[J]. 模具工业, 2018, 44(10): 10-11.

[23] 解运洲. 《工业和信息化部办公厅关于深入推进移动物联网全面发展的通知》政策解读[J]. 物联网技术, 2020, 10(5): 4-7.

[24] Wu Q, Tao M, Ng D W K, et al, Energy efficient resource allocation for wireless powered communication networks[J]. IEEE Transactions on Wireless Communications, 2016, 15(3): 2312-2327.

[25] 乔举义. 物联网感知层中资源分配与调度算法研究[D]. 北京：北京邮电大学,2013.

[26] Zahoor S,Mir R N. Resource management in pervasive internet of things：a survey[J]. Journal of King Saud University-Computer and Information Sciences, 2021,33(8)：921-935.

[27] 张亚强. 边缘计算下物联网事件边界检测与复杂任务调度优化[D]. 北京：中国地质大学,2020.

[28] 翟双. 低能耗物联网无线链路数据格式与网络拓扑研究[D]. 长春：吉林大学,2020.

[29] Kim T,Qiao D,Choi W. Energy-efficient scheduling of internet of things devices for environment monitoring applications[C]//2018 IEEE International Conference on Communications. IEEE,2018：1-7.

[30] Li W,Delicato F C,Pires P F,et al. Efficient allocation of resources in multiple heterogeneous wireless sensor networks[J]. Journal of Parallel and Distributed Computing, 2014,74(1)：1775-1788.

[31] 黄代维. 基于 LoRaWAN 网络的跨层资源分配方法研究[D]. 重庆：重庆邮电大学,2019.

[32] 车逸辰. 面向强化学习的物联网中资源分配技术研究[D]. 济南：齐鲁工业大学,2021.

[33] Li X,Da Xu L. A review of internet of things-resource allocation[J]. IEEE Internet of Things Journal,2020,8(11)：8657-8666.

[34] Feng Y,Liu H,Yang J,et al. A localized inter-actuator network topology repair scheme for wireless sensor and actuator networks[J]. China Communications, 2019,16(2)：215-232.

[35] Kumar J S,Zaveri M A. Clustering for collaborative processing in IoT network [C]//Proceedings of the Second International Conference on IoT in Urban Space, 2016：95-97.

[36] Mann P S,Singh S. Energy efficient clustering protocol based on improved metaheuristic in wireless sensor networks[J]. Journal of Network and Computer Applications,2017,83(4)：40-52.

[37] 赵清,杨维,胡青松. 煤矿物联网灾后重构自适应非均匀分簇算法[J]. 华中科技大学学报(自然科学版),2021,49(4)：120-126.

[38] Yang O,Wang Y. Optimization of time and power resources allocation in communication systems under the industrial internet of things[J]. IEEE Access,

2020,8：140392-140398.

[39] Liu X，Gao Y，Hu F．Optimal time scheduling scheme for wireless powered ambient backscatter communications in IoT networks[J]．IEEE Internet Things J，2019,6(2)：2264-2272.

[40] Yuan B，Chen D，Xu D，et al．Conceptual model of real-time IoT systems[J]．Frontiers of Information Technology & Electronic Engineering，2019,20(11)：1457-1464.

[41] Reddy D A，Krishna P V．Feedback-based fuzzy resource management in IoT using fog computing[J]．Evolutionary Intelligence，2020：1-13.

[42] 高伟峰．低功耗物联网的资源分配研究[D].成都：电子科技大学，2021.

[43] 李天慈，赖贞，陈立群，等．2020 年中国智能物联网（AIoT）白皮书[J]．互联网经济，2020(3)：90-97.

[44] 林继宗．物联网产业对区域经济增长的影响分析[J].中小企业管理与科技（中旬刊），2021(32)：100-102.

[45] Sharma A，Jangir S K，Kumar M，et al．Industrial internet of things：technologies and research directions[M]．Florida：CRC Press，2021.

[46] Sinha S R，Wei Y，Hwang S．A survey on LPWA technology：LoRa and NB-IoT-ScienceDirect[J]．ICT Express，2017,3(1)：14-21.

[47] 邓仁地，刘雄，伍春．一种 NB-IoT 冶金节点温度采集与远程监测系统的设计[J].电子技术应用，2019,45(12)：6-9.

[48] 郭方辰．基于 LoRa 的土壤水分温度实时监测系统的研究[D].咸阳：西北农林科技大学，2021.

[49] Aheleroff S，Xu X，Lu Y，et al．IoT-enabled smart appliances under industry 4.0：a case study[J]．Advanced Engineering Informatics，2020,43：101043.

[50] Ghanbari Z，Navimipour J N，Hosseinzadeh M，et al．Resource allocation mechanisms and approaches on the internet of things[J]．Cluster Computing，2019,22(4)：1253-1282.

[51] Chowdhury A，Raut S A．A survey study on internet of things resource management[J]．Journal of Network and Computer Applications，2018,120：42-60.

[52] 全国信息技术标准化技术委员会（SAC/TC 28）．物联网 术语非书资料：GB/T 33745-2017[S].北京：中国标准出版社，2017.

[53] 尹春林，杨莉，杨政，等．物联网体系架构综述[J].云南电力技术，2019,47(4)：68-71.

［54］ 傅勘. 基于物联网技术的医养结合型智慧居家养老服务模式研究［D］. 秦皇岛：燕山大学，2020.

［55］ Dgsp A，Lffda A，Rdrr B，et al. Cyber-physical systems architectures for industrial internet of things applications in industry 4. 0：a literature review-ScienceDirect［J］. Journal of Manufacturing Systems，2021，58：176-192.

［56］ 向亦宏，朱燕民. 无线传感器网络中高效建立干扰模型的研究［J］. 计算机工程，2014，40(8)：1-5.

［57］ Kumar V S A，Marathe M V，Parthasarathy S，et al. Algorithmic aspects of capacity in wireless networks［J］. Performance Evaluation Review，2005，3(1)：133-144.

［58］ 杨彦红. 无线传感器网络的调度优化技术研究［D］. 北京：北京科技大学，2014.

［59］ Zhang X，Hong J，Zhang L，et al. CC-TDMA：coloring-and coding-based multi-channel TDMA scheduling for wireless ad hoc networks［C］// 2007 IEEE Wireless Communications and Networking Conference. IEEE，2007：133-137.

［60］ Gupta P，Kumar P R. The capacity of wireless networks［J］. IEEE Transactions Information Theory，2000，46(2)：388-404.

［61］ Moscibroda T，Wattenhofer R，Zollinger A. Topology control meets SINR：the scheduling complexity of arbitrary topologies［C］//Proceedings of the 7th ACM International Symposium on Mobile Ad Hoc networking and Computing. 2006：310-321.

［62］ Heinzelman W B，Chandrakasan A P，Balakrishnan H. An application-specific protocol architecture for wireless microsensor networks［J］. IEEE Transactions on Wireless Communications，2002，1(4)：660-670.

［63］ Ergen S C，Varaiya P. TDMA scheduling algorithms for sensor networks ［J］. Wireless Networks，2005，16：985-997.

［64］ IEEE. IEEE standard for local and metropolitan area networks-part 15. 4：Low-rate wireless personal area networks(LR-WPANs)amendment 1：MAC sublayer ［S］. IEEE Standard 802. 15. 4e，2012.

［65］ Kushalnagar N，Montenegro G，Schumacher C. IPv6 over low-power wireless personal area networks（6LoW-PANs）：overview，assumptions，problem statement，and goals［J］. Internet Engineering Task Force RFC，2007，4919：1-12.

［66］ Winter T，Thubert P，Brandt A，et al. RPL：IPv6 routing protocol for low-power and lossy networks［S］. Internet Engineering Task Force，2012，6550：1-157.

［67］ Shelby Z，Hartke K，Bormann C. Constraineds application protocol(CoAP)［EB/OL］.

(2013-05-16). http://datatracker.ietf.org/doc/drafts-ieft-core-coap/16/.

[68] Mohamadi M,Djamaa B,Senouci M R. Performance evaluation of TSCH-minimal and orchestra scheduling in IEEE 802. 15. 4e networks[C] // 2018 International Symposium on Programming and Systems. 2018:1-6.

[69] Duquennoy S,Al Nahas B,Landsiedel O,et al. Orchestra:robust mesh networks through autonomously scheduled TSCH[C]//Proceedings of the 13th ACM Conference on Embedded Networked Sensor Systems. 2015:337-350.

[70] 胡江祺. 工业物联网中动态资源分配机制的研究[D].西安:西安电子科技大学,2019.

[71] Tan L,Zhu Z,Ge F,et al. Utility maximization resource allocation in wireless networks:methods and algorithms [J]. IEEE Transactions on Systems,Man,and Cybernetics,2015,45(7):1018-1034.

[72] Lee G,Youn J. Group-based transmission scheduling scheme for building LoRa-based massive IoT[C]//2020 International Conference on Artificial Intelligence in Information and Communication. IEEE,2020:583-586.

[73] Wang Z,Liu D,Jolfaei A. Resource allocation solution for sensor networks using improved chaotic firefly algorithm in IoT environment [J]. Computer Communications, 2020,156:91-100.

[74] Sgora A,Vergados D J,Vergados D D. A survey of TDMA scheduling schemes in wireless multihop networks[J]. ACM Computing Surveys,2015,47(3):1-39.

[75] Xu X,Zhao Y,Zhao D,et al. Distributed real-time data aggregation scheduling in duty-cycled multi-hop sensor networks[C]//International Conference on Wireless Algorithms. Systems,and Applications. Cham:Springer,2019:432-444.

[76] Gabale V,Chebrolu K,Raman B,et al. PIP:a multichannel,TDMA-based MAC for efficient and scalable bulk transfer in sensor networks [J]. ACM Transactions on Sensor Networks,2012,8(4):1-34.

[77] 伍永照. 多信道无线传感器网络实时数据传输方法研究[D].合肥:合肥工业大学,2020.

[78] 李国强. 无线传感器网络传输调度方法综述[J]. 科技致富向导,2014,000(15):143-157.

[79] 张晓玲,梁炜,于海斌,等.无线传感器网络传输调度方法综述[J]. 通信学报,2012,33(5):143-157.

[80] Gandham S,Dawande M,Prakash R. Link scheduling in wireless sensor networks:distributed edge-coloring revisited [J]. Journal of Parallel and

Distributed Computing,2008,68(8):1122-1134.

[81] Wu Z,Raychaudhuri D,Integrated routing and MAC scheduling for single-channel wireless mesh networks[C]//2008 International Symposium on a World of Wireless,Mobile and Multimedia Networks,2008:1-8.

[82] Terzi C,Korpeoglu I. Tree-based channel assignment schemes for multi-channel wireless sensor networks[J]. Wireless Communications and Mobile Computing,2016,16(13):1694-1712.

[83] Yue H,Jiang Q,Yin C,et al. Research on data aggregation and transmission planning with internet of things technology in WSN multi-channel aware network[J]. The Journal of Supercomputing,2020,76(5):3298-3307.

[84] Zhu C,Corson M S. A five-phase reservation protocol(FPRP)for mobile adhoc networks[J]. Wireless Networks,2001,7(4):371-384.

[85] 李西洋. 拓扑透明 MAC 调度码及光正交码设计与分析[D]. 成都:西南交通大学,2013.

[86] Sun Q,Li V,Leung K. A framework for topology-transparent scheduling in wireless networks[C]// Proceedings of IEEE 71st Vehicular Technology Conference. IEEE,2010:1-5.

[87] Palattella M R,Accettura N,Grieco L A,et al. On optimal scheduling in duty-cycled industrial IoT applications using IEEE802. 15. 4e TSCH[J]. IEEE Sensors Journal,2013,13(10):3655-3666.

[88] 赵晶. 工业无线传感器网络集中式资源调度研究[D]. 北京:北京交通大学,2016.

[89] Accettura N,Palattella M R,Boggia G,et al. Decentralized traffic aware scheduling for multi-hop low power lossy networks in the internet of things[C]// 2013 IEEE 14th International Symposium and Workshops on a World of Wireless,Mobile and Multimedia Networks. IEEE,2013:1-6.

[90] 牛建军,邓志东,李超. 无线传感器网络分布式调度方法研究[J]. 自动化学报,2011,37(5):517-528.

[91] Liang W,Zhang X,Xiao Y,et al. Survey and experiments of WIA-PA specification of industrial wireless network[J]. Wireless Communications and Mobile Computing,2011,11(8):1197-1212.

[92] Li X,Ma L,Xu Y,et al. Joint distributed and centralized resource scheduling for D2D-based V2X communication[C]//2018 IEEE Global Communications Conference. IEEE,2018:1-6.

[93] Lin X,Huang L,Guo C,et al. Energy-efficient resource allocation in TDMS-based

wireless powered communication networks[J]. IEEE Communications Letters, 2016,21(4)：861-864.

[94] Zocca A. Temporal starvation in multi-channel CSMA networks：an analytical framework[J]. Queueing Systems,2019,91(4)：241-263.

[95] Myers A D,Zaruba G V,Syrotiuk V R. An adaptive generalized transmission protocol for ad hoc network[J]. Mobile Networks and Applications,2002,7(6)：493-502.

[96] Mazumdar N,Roy S,Nayak S. A survey on clustering approaches for wireless sensor networks[C]// 2018 2nd International Conference on Data Science and Business Analytics. IEEE,2018：236-240.

[97] Lin D,Wang Q. An energy-efficient clustering algorithm combined game theory and dual-cluster-head mechanism for WSNs[J]. IEEE Access,2019,7：49894-49905.

[98] Xu L,Collie R,Hare G M P O′. A survey of clustering techniques in WSNs and consideration of the challenges of applying such to 5G IoT scenarios [J]. IEEE Internet of Things Journal,2017,4(5)：1229-1249.

[99] Reddy M P K,Babu M R. Implementing self adaptiveness in whale optimization for cluster head section in internet of things[J]. Cluster Computing,2019,22(1)：1361-1372.

[100] Heinzelman W R,Chandrakasan A,Balakrishnan H. Energy-efficient communication protocol for wireless microsensor networks[C]//Proceedings of the 33rd annual Hawaii international conference on system sciences,IEEE,2000：1-10.

[101] 张现利. 基于 LEACH 协议改进的物联网能耗均衡路由算法[D]. 长春：吉林大学,2016.

[102] 闻国才. NB-IoT 低速率窄带物联网能耗均衡路由方法[J]. 齐齐哈尔大学学报（自然科学版）,2021,37(5)：21-25.

[103] Ashwini M,Rakesh N. Enhancement and performance analysis of LEACH algorithm in IOT[C]//2017 International Conference on Inventive Systems and Control. IEEE,2017：1-5.

[104] Jain S,Agrawal N. Development of energy efficient modified LEACH protocol for IoT applications[C]//2020 12th International Conference on Computational Intelligence and Communication Networks. IEEE,2020：160-164.

[105] Xue Y,Chang X,Zhong S,et al. An efficient energy hole alleviating algorithm for wireless sensor networks[J]. IEEE Transactions on Consumer Electronics,

2014,60(3)：347-355.

[106] Watfa M K, Al-Hassanieh H, Salmen S. A novel solution to the energy hole problem in sensor networks［J］. Journal of Network and Computer Applications,2013,36(2)：949-958.

[107] Li C,Ye M,Chen G,et al. An energy-efficient unequal clustering mechanism for wireless sensor networks［C］//IEEE International Conference on Mobile Adhoc and Sensor Systems Conference,2005. IEEE,2005：597-604.

[108] Aierken N,Gagliardi R,Mostarda L,et al. RUHEED-rotated unequal clustering algorithm for wireless sensor networks［C］//2015 IEEE 29th International Conference on Advanced Information Networking and Applications Workshops. IEEE,2015：170-174.

[109] 杨梦宁,杨丹,黄超. 无线传感器网络中改进的 HEED 分簇算法[J]. 重庆大学学报(自然科学版),2012(8)：101-106.

[110] Eshaftri M A,Al-Dubai A Y,Romdhani I,et al. An efficient dynamic load-balancing aware protocol for wireless sensor networks［C］//Proceedings of the 13th International Conference on Advances in Mobile Computing and Multimedia,2015：189-194.

[111] Bai H,Zhang X,Ma F. Unequal clustering and routing algorithm based on dynamic topology for WSN［C］//2018 IEEE 4th International Conference on Computer and Communications. IEEE,2018：311-316.

[112] Arjunan S,Pothula S. A survey on unequal clustering protocols in wireless sensor networks[J]. Journal of King Saud University-Computer and Information Sciences,2019,31(3)：304-317.

[113] 黄晨昕,岑鹏涛. 一种制造物联网能量均衡聚类分簇路由算法[J]. 工业控制计算机,2017,30(10)：62-64.

[114] 赵清,杨维,胡青松.煤矿物联网灾后自适应重构加权分簇组网算法[J]. 煤炭学报,2020,45(S2):1118-1126.

[115] Wang Z,Qin X,Liu B. An energy-efficient clustering routing algorithm for WSN-assisted IoT［C］//2018 IEEE Wireless Communications and Networking Conference. IEEE,2018：1-6.

[116] Kumar S,Raza Z. Using clustering approaches for response time aware job scheduling model for internet of things（IoT）［J］. International Journal of Information Technology,2017,9(2)：177-195.

[117] Cui Z,Jing X,Zhao P,et al. A new subspace clustering strategy for AI-based

data analysis in IoT system[J]. IEEE Internet of Things Journal,2021,99:
1-11.

[118] Aher A,Kasar J,Ahuja P,et al. Smart agriculture using clustering and IOT [J].
International Research Journal of Engineering and Technology,2018,5(3):
2395-0056.

[119] Kumar J S,Zaveri M A. Hierarchical clustering for dynamic and heterogeneous
internet of things[J]. Procedia Computer Science,2016,93:276-282.

[120] 王紫荆. 面向物联网的高效路由与调度算法研究[D]. 北京:北京邮电大
学,2019.

[121] Sivaraj C,Alphonse P J A,Janakiraman T N. Independent neighbour set based
clustering algorithm for routing in wireless sensor networks[J]. Wireless
Personal Communications,2017,96(4):6197-6219.

[122] Xia H,Zhang R,Yu J,et al. Energy-efficient routing algorithm based on unequal
clustering and connected graph in wireless sensor networks[J]. International
Journal of Wireless Information Networks,2016,23(2):141-150.

[123] Huynh T T,Dinh-Duc A V,Tran C H. Delay-constrained energy-efficient
cluster-based multi-hop routing in wireless sensor networks[J]. Journal of
Communications and Networks,2016,18(4):580-588.

[124] Khoulalene N,Bouallouche-Medjkoune L,Aissani D,et al. Clustering with load
balancing-based routing protocol for wireless sensor networks[J]. Wireless
Personal Communications,2018,103(3):2155-2175.

[125] Sankar S,Ramasubbareddy S,Chen F,et al. Energy-efficient cluster-based
routing protocol in internet of things using swarm intelligence[C]//2020 IEEE
Symposium Series on Computational Intelligence. IEEE,2020:219-224.

[126] Xu Y,Yue Z,Lv L. Clustering routing algorithm and simulation of internet of
things perception layer based on energy balance[J]. IEEE Access,2019,7:
145667-145676.

[127] Sankar S,Srinivasan P. Multi-layer cluster-based energy aware routing protocol
for internet of things[J]. Cybernetics Information Technologies,2018,18(3):
75-92.

[128] Sankar S,Ramasubbareddy S, Luhach A K,et al. CT-RPL:cluster tree-based
routing protocol to maximize the lifetime of Internet of Things[J]. Sensors,
2020,20(20),5858.

[129] Maheswar R,Jayarajan P,Sampathkumar A,et al. CBPR:a cluster-based

backpressure routing for the internet of things[J]. Wireless Personal Communications, 2021：1-19.

[130] Rajagopalan R, Varshney P K. Data-aggregation techniques in sensor networks： a survey[J]. IEEE Communications Surveys & Tutorials, 2007, 8(4)：48-63.

[131] John N E, Jyotsna A. A survey on energy efficient tree-based data aggregation techniques in wireless sensor networks[C]//2018 International Conference on Inventive Research in Computing Applications. IEEE, 2018：461-465.

[132] 杨阳. 物联网中数据压缩与资源分配的研究[D]. 重庆：西南大学, 2019.

[133] Alam F, Mehmood R, Katib I, et al. Data fusion and IoT for smart ubiquitous environments：a survey[J]. IEEE Access, 2017, 5：9533-9554.

[134] Jiang S, Cao J, Wu H, et al. Fairness-based packing of industrial IoT data in permissioned blockchains[J]. IEEE Transactions on Industrial Informatics 2020,(99)： 1-11.

[135] 刘鑫. 分簇认知物联网联合资源分配算法[J]. 物联网学报, 2019, 3(1)：14-19.

[136] Yang Y, Zhang X, Luo Q, et al. Dynamic time division multiple access algorithm for industrial wireless hierarchical sensor networks[J]. China Communications, 2013, 10(5)：137-145.

[137] Devi V S, Ravi T, Priya S B. Cluster based data aggregation scheme for latency and packet loss reduction in WSN[J]. Computer Communications, 2020, 149： 36-43.

[138] Elhalawany B M, Hashad O, Wu K, et al. Uplink resource allocation for multi-cluster internet-of-things deployment underlaying cellular networks[J]. Mobile Networks and Applications, 2020, 25(1)：300-313.

[139] Liu X, Zhang X. NOMA-based resource allocation for cluster-based cognitive industrial internet of things[J]. IEEE Transactions on Industrial Informatics, 2019, 16(8)：5379-5388.

[140] Darabkh K A, Zomot J N, Al-Qudah Z, et al. Impairments-aware time slot allocation model for energy-constrained multi-hop clustered IoT nodes considering TDMA and DSSS MAC protocols[J]. Journal of Industrial Information Integration, 2021, 100243.

[141] Kumar J S, Zaveri M A, Choksi M. Activity based resource allocation in IoT for disaster management[C]//International Conference on Future Internet Technologies and Trends. Springer, Cham, 2017, 215-224.

[142] Huang M, Liu A, Wang T, et al. Green data gathering under delay differentiated

services constraint for internet of things[J]. Wireless Communications and Mobile Computing,2018,9715428.

[143] 李智,郑睿童,黄波,等. 支持多信道的无线传感器网络 DMAC 协议[J]. 四川大学学报(工程科学版),2008,40(5):135-141.

[144] Malyala P,Pachamuthu R. Performance analysis of CSMA/CA and PCA for time critical industrial IoT applications[J]. IEEE Transactions on Industrial Informatics,2018,2281-2293.

[145] Maatouk A,Assaad M,Ephremides A. Energy efficient and throughput optimal CSMA scheme[J]. IEEE/ACM Transactions on Networking,2019,27(1):316-329.

[146] International Society of Automation. Wireless systems for industrial automation:process control and related applications[S]. Research Triangle Park,NC:International Society of Automation,2009.

[147] Internation Electrotechnical Commission. Industrial communication networks-wireless communication network and communication profiles-wirelessHART™[S]. Geneva:International Electro technical Commission,2010:62591.

[148] Internation Electrotechnical Commission. Industrial communication networks-Fieldbus specifications-WIA-PA communication network and communication profile[S]. Geneva:International Electro technical Commission,2011:62061.

[149] das Neves Valadão Y,Künzel G,Müller I,et al. Industrial wireless automation:overview and evolution of WIA-PA-sciencedirect[J]. IFAC-PapersOnLine,2018,51(10):175-180.

[150] Liu Y,Yuen C,Cao X,et al. Design of a scalable hybrid MAC protocol for heterogeneous M2M networks[J]. IEEE Internet Things,2014,1(1),99111.

[151] Shahin N,Ali R,Kim Y T. Hybrid slotted-CSMA/CA-TDMA for efficient massive registration of IoT devices[J]. IEEE Access,2018,6:18366-18382.

[152] Subhashini S J,Stalin B,Vairamuthu J. Improvising reliability and security in multiple relay network using optimal scheduling[J]. International Journal of Recent Technology and Engineering,2019,8:1243-1248.

[153] 姚引娣,王磊. 基于 LoRa 组网的多优先级时隙分配算法[J]. 计算机工程与设计,2020,41(3):639-644.

[154] 胡江祺. 工业物联网中动态资源分配机制的研究[D].西安:西安电子科技大学,2019.

[155] Xia C,Jin X,Xu C,et al. Real-time scheduling under heterogeneous routing for

industrial internet of things[J]. Computers & Electrical Engineering, 2020, 86: 106740.

[156] Qiu T, Zheng K, Han M, et al. A data-emergency-aware scheduling scheme for internet of things in smart cities[J]. IEEE Transactions on Industrial Informatics, 2017,14(5): 2042-2051.

[157] Moraes R E N, dos Reis W W F, Rocha H R O, et al. Power-efficient and interference-free link scheduling algorithms for connected wireless sensor networks[J]. Wireless Networks, 2019: 1-20.

[158] Liu J. Study on multi objective priority scheduling method of sensor networks [C]//Third International Conference on Cyberspace Technology. IET, 2015: 1-6.

[159] Ahmad A, Hanzálek Z. Distributed real time TDMA scheduling algorithm for tree topology WSNs[J]. IFAC-PapersOnLine, 2017, 50(1): 5926-5933.

[160] 张春光, 曾广平, 王洪泊, 等. 一种多 QoS 驱动的物联网资源分层调度方法[J]. 中北大学学报(自然科学版), 2017, 38(3): 333-340.

[161] Kavitha K, Suseendran G. Priority based adaptive scheduling algorithm for IoT sensor systems[C]//2019 International Conference on Automation, Computational and Technology Management. IEEE, 2019: 361-366.

[162] Qiu T, Qiao R, Wu D O. EABS: an event-aware backpressure scheduling scheme for emergency internet of things[J]. IEEE Transactions on Mobile Computing, 2017, 17(1): 72-84.

[163] Liu L, Cao Y, Ding L, et al. A priority-enhanced slot allocation mac protocol for industrial wireless sensor networks[C]//2019 25th Asia-Pacific Conference on Communications. IEEE, 2019: 88-94.

[164] Nasser N, Karim L, Taleb T. Dynamic multilevel priority packet scheduling scheme for wireless sensor network[J]. IEEE Transactions on Wireless Communications, 2013, 12 (4): 1448-1459.

[165] Mahendran N, Shankar S. A cross layer design: energy efficient multilevel dynamic feedback scheduling in wireless sensor networks using deadline aware active time quantum for environment monitoring[J]. International Journal of Electronics, 2018: 87-108.

[166] Kim J E, Abdelzaher T, Sha L, et al. On maximizing quality of information for the internet of things: a real-time scheduling perspective[C]//2016 IEEE 22nd International Conference on Embedded and Real-Time Computing Systems and

Applications. IEEE,2016：202-211.

[167] Wang Y, Zhang S. An enhanced dynamic priority packet scheduling algorithm in wireless sensor networks[C]//2016 UKSim-AMSS 18th International Conference on Computer Modelling and Simulation. IEEE,2016：311-316.

[168] Bhattacharjee S, Bandyopadhyay S. Lifetime maximizing dynamic energy efficient routing protocol for multi hop wireless networks[J]. Simulation Modelling Practice and Theory,2013,32：15-29.

[169] Sankaran S,Sridhar R. Modeling and analysis of routing in IoT networks[C]// International Conference on Computing & Network Communications. IEEE, 2016：649-655.

[170] Yuan D, Liu X, Zhang X, et al. CEERP：cost-based energy-efficient routing protocol in wireless sensor networks[C]//2008 IEEE Asia Pacific Conference on Circuits and Systems. IEEE,2008：1041-1045.

[171] Raj J S,Basar A. QoS optimization of energy efficient routing in IoT wireless sensor networks[J]. Journal of ISMAC,2019,1(1)：12-23.

[172] Hasan M Z,Al-Turjman F. Optimizing multipath routing with guaranteed fault tolerance in internet of things[J]. IEEE Sensors Journal, 2017, 17（19）：6463-6473.

[173] Qiu T,Lv Y,Xia F,et al. ERGID：an efficient routing protocol for emergency response internet of things[J]. Journal of Network and Computer Applications, 2016,72：104-112.

[174] 陶亚男,张军朝,王青文,等. 基于改进猫群算法的物联网感知层路由优化策略 [J]. 计算机工程,2019,45(2)：13-17.

[175] Dhumane A,Prasad R,Prasad J. Routing issues in internet of things：a survey ［C］//Proceedings of the international multiconference of engineers and computer scientists,2016,1：16-18.

[176] Marietta J,Mohan B C. A review on routing in internet of things[J]. Wireless Personal Communications,2020,111(1)：209-233.

[177] Kumar D M,Ghosh A. Resource efficient routing in internet of things：concept, challenges,and future directions［J］. International Journal of Computing and Digital Systems,2019,8(6)：637-650.

[178] Lee J H,Cho S H. Tree TDMA MAC algorithm using time and frequency slot allocations in tree-based WSNs[J]. Wireless Personal Communications,2017,95 (3)：2575-2597.

[179] Osamy W, El-Sawy A A, Khedr A M. Effective TDMA scheduling for tree-based data collection using genetic algorithm in wireless sensor networks[J]. Peer-to-Peer Networking and Applications,2020,13(3): 796-815.

[180] Zhang X, Luo Q, Cheng L, et al. CRTRA: coloring route-tree based resource allocation algorithm for industrial wireless sensor networks[C]//2012 IEEE Wireless Communications and Networking Conference. IEEE,2012: 1870-1875.

[181] Nurlan Z, Kokenovna T Z, Othman M, et al. Resource allocation approach for optimal routing in IoT wireless mesh networks[J]. IEEE Access, 2021, 9: 153926-153942.

[182] Chithaluru P, Kumar S, Singh A, et al. An energy-efficient routing scheduling based on fuzzy ranking scheme for internet of things(IoT)[J]. IEEE Internet of Things Journal,2021,3098430.

[183] Abdullah S, Asghar M N, Ashraf M, et al. An energy-efficient message scheduling algorithm with joint routing mechanism at network layer in internet of things environment [J]. Wireless Personal Communications,2020,111(3): 1821-1835.

[184] Zhang Y. Tree-based resource allocation for periodic cellular M2M communications[J]. IEEE Wireless Communications Letters, 2014, 3(6): 621-624.

[185] Hussein A A, Khalid R A. Improvements of PEGASIS routing protocol in WSN [J]. International Advance Journal of Engineering Research,2019,2(11): 1-14.

[186] Dai L, Qian C, Chen T, et al. Makespan-aware data gathering algorithm in PEGASIS-Clustered Sensor Networks[C]//2014 IEEE International Conference on Signal Processing,Communications and Computing. IEEE,2014: 850-854.

[187] Tan A, Wang S, Xin N, et al. A multi-channel transmission scheme in green internet of things for underground mining safety warning[J]. IEEE Access, 2019,8: 775-788.

[188] Gao W, Zhao Z, Yu Z, et al. Edge-computing-based channel allocation for deadline-driven IoT networks[J]. IEEE Transactions on Industrial Informatics, 2020,16(10): 6693-6702.

[189] Rodoplu V, Nakip M, Qorbanian R, et al. Multi-channel joint forecasting-scheduling for the internet of things[J]. IEEE Access,2020,8: 217324-217354.

[190] Bai H, Zhang X, Xie Y, et al. Resource scheduling based on unequal clustering in internet of things[J]. Mobile Information Systems, 2022: 1-14.

[191] Bertseka D P. Nonlinear programming[M]. Belmont: Athena scientific, 1999.

［192］ Bai H，Zhang X，Liu Y，et al. Resource scheduling based on routing tree and detection matrix for internet of things［J］. International Journal of Distributed Sensor Networks，2021，17(3)：15501477211003830.

［193］ Qiu T，Chen N，Li K，et al. How can heterogeneous internet of things build our future：a survey［J］. IEEE Communications Surveys & Tutorials，2018，20 (3)：2011-2027.

［194］ Khedr A M，Aziz A，Osamy W. Successors of PEGASIS protocol：a comprehensive survey［J］. Computer Science Review，2021，39：100368.